环保公益性行业科研专项（201309023）资助出版

废有机溶剂与废矿物油
污染防治知识问答

牛茹轩　岳　波　汪群慧　主编

U0314559

北　京
冶金工业出版社
2016

内 容 提 要

　　有机溶剂（或矿物油）在各行各业被广泛使用，涉及人们日常生活的方方面面。那些被使用后丢弃的废液或废油分别称为废有机溶剂或废矿物油。这两类液态有机废物对人体有什么危害？具有什么污染特征及环境风险？日常生活和工作中如何预防和控制污染？等等。本书针对这些问题，做了通俗易懂的解答。本书内容主要包括有机溶剂（或矿物油）的相关基本知识、废有机溶剂（或废矿物油）的产生与污染特征、废有机溶剂（或废矿物油）再生利用及污染控制技术、废有机溶剂（或废矿物油）的管理及法律法规等。本书力求内容新颖而丰富，技术实用，方法易行，适合政府和企事业单位的环境保护管理人员、相关行业接触废有机溶剂和废矿物油的从业人员、环境工程相关专业的在校学生阅读与参考。

图书在版编目（CIP）数据

　　废有机溶剂与废矿物油污染防治知识问答/牛茹轩等主编．—北京：冶金工业出版社，2016.5
　　ISBN 978-7-5024-7230-6

　　Ⅰ．①废…　Ⅱ．①牛…　Ⅲ．①矿业—废物处理—知识解答　②冶金工业废物—废物处理—知识解答
Ⅳ．①X75-44

　　中国版本图书馆 CIP 数据核字（2016）第 085039 号

出 版 人　谭学余
地　　址　北京市东城区嵩祝院北巷 39 号　邮编　100009　电话　(010)64027926
网　　址　www.cnmip.com.cn　电子信箱　yjcbs@cnmip.com.cn
责任编辑　张耀辉　宋　良　美术编辑　吕欣童　版式设计　孙跃红
责任校对　李　娜　责任印制　李玉山
ISBN 978-7-5024-7230-6
冶金工业出版社出版发行；各地新华书店经销；三河市双峰印刷装订有限公司印刷
2016 年 5 月第 1 版，2016 年 5 月第 1 次印刷
148mm×210mm；4 印张；110 千字；113 页
20.00 元
冶金工业出版社　　投稿电话　(010)64027932　投稿信箱　tougao@cnmip.com.cn
冶金工业出版社营销中心　电话　(010)64044283　传真　(010)64027893
冶金书店　地址　北京市东四西大街 46 号(100010)　电话　(010)65289081(兼传真)
冶金工业出版社天猫旗舰店　yjgycbs.tmall.com
（本书如有印装质量问题，本社营销中心负责退换）

前　言

　　废有机溶剂是指化学纤维、化学原料及产品、电子电器、汽车、医药、涂料、印刷、仪器仪表、清洗、农药等行业生产和使用有机溶剂过程中产生的废液。不同类型的废有机溶剂成分迥异，通常包括链烷烃、烯烃、醇、醛、胺、酯、醚、酮、芳香烃、氢化烃、萜烯烃、卤代烃、杂环化物、含氮化合物及含硫化合物等，具有较大的挥发性、脂溶性，其中，苯类、卤代烃类等还具有较大毒性。废有机溶剂是大气中挥发性有机物及雾霾的重要来源。

　　废矿物油是在开采、加工和使用过程中失去原有的物理和化学性能，不能继续使用的废油，通常来源于车辆制造、金属冶炼铸造、金属加工业，所有机械、动力、运输等设备维修和维护行业。废矿物油主要包括废燃料油和废润滑油，其中废润滑油主要分为废内燃机油、废齿轮油、废液压油和废专用油（包括废变压器油、废压缩机油、废汽轮机油、废热处理油等）。不同类型的废矿物油成分差异较大，通常含有多种多环芳烃、苯系物和重金属等有毒成分。

　　上述两类废物的共同特点是产生行业分布广、数量大、种类多，且多数有毒性、易燃性，是纳入《国家危险废物名录》重点管理的液态有机废物。它们的另一共同特点是热值较高，除可采用蒸馏等方法回收利用外，还可以通过掺烧或焚烧实现其最终资源化利用。本书以通俗易懂的问答方式，介绍了有机溶剂（或矿物油）的产生特性和污染特性，叙述了这两种废物从产生、贮存、运输、处理处置到再生利用等各个环节的环境和健康风险，包括管理办法、法律法规等在内的污染防范与控制对策。本书有助于社会各界科学认识废有机溶剂与废矿物油的性质与危害。

书中废有机溶剂篇由牛茹轩（第1章）、马英群、马鸿志（第2章）、唐阵武、张连振（第3章）、汪群慧（第4章）编写；废矿物油篇由岳波（第5章）、吴小卉、苏毅（第6章）、蔡洪英（第7章）、黄启飞（第8章）编写，全书由牛茹轩、岳波、汪群慧统稿。衷心感谢环境保护部科技司、北京科技大学、中国环境科学研究院、华北电力大学、重庆市固体废物管理中心等相关单位的支持和帮助，感谢环保公益性行业科研专项（201309023）和国家自然科学基金项目（51278050）的资助。

由于编者水平有限，加之时间仓促，书中难免有疏漏、不妥之处，敬请读者批评指正！

编　者
2016 年 2 月
于北京科技大学

目　录

Ⅰ 废有机溶剂篇

FEIYOUJI RONGJI PIAN

第一章 有机溶剂相关的基本知识

1. 什么是有机溶剂?

有机溶剂是一类以有机物为介质的溶剂。它是一大类在生活和生产中广泛应用的有机化合物,相对分子质量不大,常温下呈液态,存在于涂料、黏合剂、漆和清洁剂等产品中。

2. 常见的有机溶剂有哪些?

常见的有机溶剂主要包括:

(1)苯系溶剂,如:苯、甲苯、苯乙烯、邻二甲苯、间二甲苯、对二甲苯、三甲苯、苯乙烯和乙烯基甲苯;

(2)醇类溶剂,如:甲醇、乙醇、异丙醇和正丁醇等;

(3)酯类溶剂,如:乙酸乙酯、醋酸甲酯和醋酸丁酯等;

(4)酮类溶剂,如:丙酮、4-甲基-2-戊酮、2-丁酮、4-甲基-3-戊烯-2-酮和甲基吡咯烷酮等;

(5)卤代烃类溶剂,如:三氯乙烯和二氯甲烷等;

(6)其他类溶剂,如:乙醛、二甲基甲酰胺、正庚烷等。

3. 有机溶剂使用的行业分布情况是怎样的?

有机溶剂主要是指那些可溶解不溶于水的某些物质的液体。自19世纪40年代开始用于工业生产以来,先进工业有机溶剂的种类已达30000多种,其中最常用的约有500种。工业上有机溶剂广泛用于清洗、去污、稀释和萃取等生产过程,也有很多作为中间体用于化学合成。有机溶剂应用的行业主要有以下几种:汽车行业,印刷行业,纺织行业,金属冶炼,机械制造与维修,脱漆工业,公共设施,塑料橡胶,电子电力,餐饮和食品,皮革,涂料涂装，有机化工，医药等。

4. 其他国家有机溶剂使用情况如何？

发达国家使用有机溶剂的行业和我国区别不大，主要使用的行业包括：涂料，印刷油墨，黏合剂，黏着剂，工业用清洗剂，护发素、脱水剂，剥离机，表面处理剂，干洗，橡胶溶剂，塑料溶剂，聚合物聚合溶剂，反应溶剂，萃取剂，农药、杀虫剂，试剂，香料，防冻液，水处理，电子工业，食品工业等。

5. 家庭中会使用哪些有机溶剂？

有机溶剂的应用日趋广泛，围绕人们的衣食住行，都可以观察到有机溶剂的踪影。人们生活水平的提高，要求有舒适的居住环境，在家庭装修和家具购置过程中，各种涂料和黏合板材势必要进入到人们的居住空间。因为在涂料生产加工行业，有机溶剂的应用十分广泛。在汽车进入家庭的同时，汽车防冻液、汽车轮胎制造等领域，与有机溶剂密不可分。有机溶剂种类和用量的不断增加，在改善人们生活质量的同时，也给人们带来了健康方面的损害。

6. 化妆品中有哪些有机溶剂？

液体的化妆品，如香水、花露水等，都含有有机溶剂。这些有机溶剂主要成分是醇类、酯类、醚类等。添加在化妆品中的有机溶剂一般浓度较低，毒性也较低，有易燃特性。以香水为例，添加有机溶剂的香水，香味更容易散发，这样才能令人更容易闻到香水的气味；普通的水很难溶解香料，而且挥发很慢，无法实现香水的使用效果。

7. 纺织品生产中用到哪些有机溶剂？

有机溶剂与纺织工业关系密切，丁醇、三氯乙烯等用于棉织品的脱蜡和毛织品的脱脂；乙二醇、甲醇等用于纺织品的软化及重氮染料的附着；四氯乙烯广泛用于纺织品的干洗。

8. 皮革制品生产中会用到哪些有机溶剂？

长期以来，苯、甲苯和二甲苯（三者并称"三苯"）一直是鞋用以及皮革制品胶粘剂体系的主溶剂。三苯废气是典型的挥发性有机物（VOC），通过呼吸道和皮肤可进入人体，可对人的呼吸、血液、肝脏等系统和器官造成暂时性和永久性病变。

溶剂型胶粘剂干燥速度快、耐水性好，虽污染和毒性较大，但目前尚不能完全被水基胶粘剂取代，可采用低毒或无毒溶剂，如环己烷、醋酸乙酯、丁酮、1，1-二氯乙烷、碳酸二甲酯等，制成无毒或低毒的溶剂型胶粘剂，国内市场已出现了鞋用无"三苯"聚氨酯胶粘剂、鞋用无"三苯"接枝氯丁胶粘剂和无"三苯"SBS型特效万能胶。值得提及的碳酸二甲酯（DMC）是一种新兴优良的低毒性溶剂。日本已用DMC作为制备溶剂型胶粘剂的主要溶剂，目前已形成规模化生产。与"三苯"相比，新型胶粘剂使用的溶剂毒性较小，但通过挥发，仍会产生一定的环境污染。胶粘剂中除"三苯"外，主要有机溶剂还包括：正己烷，二氯甲烷，二氯乙烷，三氯乙烷，三氯乙烯，甲苯二异氰酸酯，丁酮，丙酮。

9. 装修材料及家居用品中有哪些含有机溶剂？

在日常生活中，有机溶剂大量存在于各种建筑装饰材料中。比如各种油漆的添加剂和稀释剂，防水材料的添加剂，泡沫隔热材料，人造板，塑料板材等，室内装饰（如壁纸等），纤维材料（如地毯、挂毯和化纤窗帘等），因此，在新装修的家居室内空气中，可以测出高含量的苯、甲苯、二甲苯、甲醛等。

10. 装修材料中释放的甲醛气体来自何处？

近年来，办公和居住场所的装修水准越来越高，所采用的新材料，特别是化学合成建材也越来越多。它们释放出高浓度的甲醛，严重影响人类身体健康。室内空气甲醛主要来源于室内装修材料、家具和涂料，尤以人造板为甚。甲醛释放途径一部分来自木材自身的释放，更多的是人造板中胶粘剂释放甲醛。在多种甲醛树脂混合物如酚醛树脂（PF）、三聚氰胺甲醛树脂（MF）、脲醛树脂（UF）中，脲醛树脂对室内空气污染的占比最大。

11. 怎样有效去除房间中的甲醛气体？

（1）通风法：通过室内空气的流通，可以降低室内空气中有害物质的含量，从而减少此类物质对人体的危害。

（2）活性炭吸附法：活性炭是国际公认的吸毒能手，活性炭口罩、防毒面具都使用活性炭，利用活性炭的物理作用除臭，去毒；无任何化学添加剂，对人身无影响。每屋放两至三碟活性炭，且每过一段时间，在阳光下暴晒后，可继续使用。此方法可部分消除室内异味。中低度污染可选此法，也可选此法与其他化学法综合使用，综合治理效果更佳。

（3）植物除味法：一般轻度和中度污染的室内环境、污染值在国家标准3倍以下时，采用植物净化能达到一定的效果。根据房间的不同功能、面积的大小选择和摆放植物。一般情况下，10平方米左右的房间，1.5米高的植物放两盆比较合适。推荐植物为吊兰、虎皮兰。

12. 城市自来水中有哪些有机溶剂？

潜伏在自来水中的罪魁祸首是三卤甲烷，包括三氯甲烷、二氯溴甲烷、三氯溴甲烷和三溴甲烷4种氯化物。三卤甲烷是自来水厂中用于消毒灭菌的氯，与食物的渣滓和浮游生物等有机物相互反应的产物。随着水质的恶化，自来水中氯的投放量也与日俱增，扮演了制造致癌物的主要角色。此外，撒在田里的大量农药或除草剂，某些合成洗涤剂和工厂排出的有机溶剂等，也可能污染饮用水源，使致癌物进入自来水。

13. 有机溶剂对人体健康的主要危害有哪些？

（1）经由皮肤接触引起之危害

有机溶剂蒸气会刺激眼睛黏膜而使人流泪；与皮肤接触会溶解皮肤油脂而渗入组织，干扰生理机能，脱水；且因皮肤干裂而感染污物及细菌。表皮肤角质溶解引起表皮角质化，刺激表皮引起红肿及气泡。溶剂渗入人体内，可破坏血球及骨髓等。

（2）经由呼吸器官引起之危害

有机溶剂蒸气经由呼吸器官吸入人体后，人往往会产生麻醉作用。蒸气被吸入后，大部分经气管抵达肺部，然后经血液或淋巴液传送至其他器官，造成不同程度之中毒现象。因人体肺泡面积为体表面积数十倍以上，且血液循环扩散速率甚快，常会对呼吸道、神经系统、肺、肾、血液及造血系统产生重大毒害。固有机溶剂经由呼吸器官引起之中毒现象，最受人们的重视。

（3）经由消化器官引起之危害

在有机溶剂挥发的场所进食、抽烟或手指沾口等，会导致有机溶剂进入消化器官。其危害器官首先是口腔，进入食道及胃肠，引起恶心、呕吐等；然后再由消化系统，危害到其他器官。有机溶剂中毒之一般症状为头痛、疲惫、食欲不振、头昏等。高浓度蒸气引起之急性中毒会抑制中枢神经系统，使人丧失意识，而产生麻醉现象，初期引起兴奋、昏睡、头痛、目眩、疲惫感、食欲不振、意识消失等；低浓度蒸气引起之慢性中毒则影响血小板、红血球等造血系统，鼻孔、齿龈及皮下组织出血，造成人体贫血现象。

14. 常见有机溶剂中毒对神经系统有哪些损害？

包括苯及苯胺在内的大多数有机溶剂中毒，均可出现不同程度的神经系统损害。

（1）急性中毒

轻者头痛、头昏、眩晕；重者头痛、恶心、呕吐、心率慢、血压高、躁动、谵妄、幻觉、妄想、精神异常、抽搐、昏迷，以致死亡。

（2）慢性中毒

神经衰弱综合征：头痛、头晕、失眠、多梦、厌食、倦怠和乏力等。

中毒性脑病：反应迟钝、意识障碍、震颤、活动困难、生活不能自理和中毒性精神病表现。

脑神经损害：甲醇毒害视神经，可导致双目失明；三氯乙烯毒害三叉神经，也可导致前庭神经麻痹和听力障碍。小脑功能障碍综合征：酒精中毒损害小脑功能，导致步态不稳，行为失常，意向性肌颤。

周围神经病：二硫化碳、正乙烷及甲基正丁基酮中毒损伤周围神经系统，导致手足麻木、感觉过敏，手不能持物，肌肉无力，肌肉萎缩以致运动神经传导速度减慢。三氯乙烯中毒表现为周围神经病时，伴有毛发粗硬和水肿。

15. 常见有机溶剂中毒对人体器官有哪些损害？

（1）呼吸道损害

吸入有机溶剂蒸气中毒的患者，均有呼吸道损害，有害气体刺激呼吸道黏膜，导致呛咳或流泪。

吸入酮类或卤代烷类及酯类蒸气后，导致化学性肺炎、肺水肿。

误吸入汽油及煤油后可致吸入性化学性肺炎，甚至引发肺水肿及渗出性胸膜炎。

（2）消化道损害

经口服有机溶剂中毒者均有明显的恶心、呕吐等胃肠症状。

乙醇、卤代烃类及二甲基甲酰胺中毒后，主要是对肝的毒害导致肝细胞变性、坏死，中毒性肝炎、脂肪肝及肝硬化。

（3）肾脏损害

酚、醇、卤代烃类中毒后皆可导致急性肾小管坏死、肾小球损害，以致急性肾衰竭，以非少尿型肾衰竭多见。

四氯化碳、二硫化碳及甲苯中毒后，可致慢性中毒性肾病。

烃化物（汽油）吸入中毒后可导致肺出血肾炎综合征。

（4）造血功能损害

亚急性或慢性苯中毒致白细胞减少、再生障碍性贫血，慢性苯中毒可致白血病。

三硝基甲苯可引起高铁血红蛋白血症、溶血和再生障碍性贫血。

（5）皮肤损害

有机溶剂急性皮肤损害表现为皮肤丘疹、红斑、水肿、水疱、糜烂及溃疡。

有机溶剂慢性皮肤损害表现为皮肤角化、脱屑及皲裂。

长期接触石油，易导致皮肤色素沉着。

（6）生殖功能损害

苯、二硫化碳和汽油中毒对女性的损害表现为月经紊乱、性欲减退、受孕功能降低，甚至胎儿畸形。对男性损害表现为性欲降低、阳痿和精子异常。

（7）心血管损害

苯、汽油、酒精、三氯乙烯、二氯乙烷、四氯化碳和二硫化碳中毒后，不仅引起急性或慢性心肌损害，出现各种类型心律失常，且使心脏对肾上腺素敏感性增强，易致恶性心律失常（如心室颤动或心脏骤停）。

长期接触二硫化碳及慢性乙醇中毒，可致动脉粥样硬化。

（8）有机溶剂复合损害

当机体受到两种以上有机溶剂的毒害时，其毒性可相加或相减。

乙醇可抑制甲醇在肝内代谢，减少甲醇的毒作用，可作为抢救甲醇中毒的解毒药。

乙醇和其他醇类可增加四氯化碳的毒性而加重肝肾损害的程度。

16. 有机溶剂挥发的气体对 PM2.5 有何贡献？

挥发性有机物是光化学反应的决定性前提，同时也是 PM2.5 中的二次有机颗粒的重要来源。造成 PM2.5 浓度异常的重要原因之一包括挥发性有机物，挥发性有机物的最大坏处是增加了大气的氧化活性。换句话说就是，在大气中已经有了过量的二氧化硫、氮氧化物和氨等污染物的情况下，挥发性有机物及其在大气中形成的半挥发性有机物，将成为制造 PM2.5 的关键因素之一，可造成局部地区或者大范围内的极端空气污染现象。

17. 常用有机溶剂苯的物理化学性质及毒理性质如何？

苯是一种碳氢化合物，也是最简单的芳烃。它在常温下为一种无色、有甜味的透明液体，并具有强烈的芳香气味。苯可燃，毒性较高，是一种致癌物质，可通过皮肤和呼吸道进入人体，在人体内极难降解。苯难溶于水，易溶于有机溶剂，是一种石油化工基本原料。苯的产量和生产的技术水平是一个国家石油化工发展水平的标志之一。苯具有的环系称为苯环，可表示为 PhH。苯分子去掉一个氢以后的结构称为苯基，用 Ph 表示。在工业上，因苯的毒性较大，常用甲苯作为苯的替代品。

18. 甲苯作为苯的替代品，其物理化学性质及毒理性质有哪些？

甲苯为无色澄清液体，有苯样气味，有强折光性；能与乙醇、乙醚、丙酮、氯仿、二硫化碳和冰乙酸混溶，极微溶于水；相对密度 0.866，凝固点 -95℃。沸点 110.6℃，折光率 1.4967，闪点（闭杯）4.4℃；易燃。甲苯蒸气能与空气形成爆炸性混合物，爆炸极限 1.2% ~ 7.0%（体积）。甲苯低毒，半数致死量（大鼠，经口）5000mg/kg。甲苯高浓度气体有麻醉性、刺激性。

19. 常用有机溶剂二甲苯的物理化学性质及毒理性质有哪些？

二甲苯为无色透明液体，芳香气味，有三种异构体。一般的二甲苯是混合二甲苯，为邻二甲苯、间二甲苯、偏二甲苯及少量乙苯的混合物；不溶于水，易燃，蒸气与空气形成爆炸性混合物，爆炸极限1.09%～6.6%；有毒，毒性比苯和二甲苯低；常作为稀释剂、清洗剂和萃取剂等。

20. 常用有机溶剂异丙醇的物理化学性质及毒理性质有哪些？

异丙醇是正丙醇的同分异构体，无色透明液体，有似乙醇和丙酮混合物的气味，溶于水、醇、醚、苯、氯仿等多数有机溶剂。异丙醇是重要的化工产品和原料，主要用于制药、化妆品、塑料、香料、涂料等。它是工业上比较便宜的溶剂，用途广，能和水自由混合，对亲油性物质的溶解力比乙醇强。急性毒性：口服-大鼠 LD_{50}：5840mg/kg；口服-小鼠 LC_{50}：3600mg/kg。刺激数据：眼睛-兔子 100mg/kg。属微毒类。生理作用和乙醇相似，毒性、麻醉性以及对上呼吸道黏膜的刺激都比乙醇强，但不及丙醇。

21. 常用有机溶剂乙酸乙酯的物理化学性质及毒理性质有哪些？

乙酸乙酯，是无色透明液体，有水果香，易挥发，对空气敏感；能吸水，水分能使其缓慢分解而呈酸性反应；能与氯仿、乙醇、丙酮和乙醚混溶，溶于水（10%体积）；能溶解某些金属盐类（如氯化锂、氯化钴、氯化锌、氯化铁等）。相对密度0.902，熔点-83℃，沸点77℃，折光率1.3719，闪点7.2℃（开杯）；易燃；蒸气能与空气形成爆炸性混合物。半数致死量（大鼠，经口）11.3mL/kg。有刺激性。

22. 有机溶剂中毒的诊断与治疗措施有哪些？

有机溶剂急慢性中毒的诊断与治疗，不是单纯中毒的临床医学问题，而是政策性很强的工作，故应执行国家统一颁布的《职业性急性化学物中毒诊断国家标准》。生产和使用有机溶剂时，要加强密闭和通风，减少有机溶剂的逸散和蒸发；采用自动化和机械化操作，以减少操作人员直接接触的机会。应使用个人防护用品，如防毒口罩或防护手套。皮肤黏膜受污染时，应及时冲洗干净。勿用污染的手进食或吸烟。勤洗手、洗澡与更衣。应定期进行健康检查，及早发现中毒征象，进行相应的治疗和严密的动态观察。

23. 使用有机溶剂的防护措施有哪些？

（1）呼吸系统防护：空气中浓度超标时，佩戴过滤式防毒面具（半面罩）。

（2）眼睛防护：戴化学安全防护眼睛。

（3）身体防护：穿化学防护服。

（4）手防护：戴橡胶手套。

（5）其他：工作现场严禁吸烟。工作完毕，淋浴更衣。

24. 如何减少有机溶剂的伤害？

规避有机溶剂的伤害重在预防。对生产环节中可能存在的有机溶剂，必须做好密闭化管理，防止"跑、冒、滴、漏"现象的发生。存在有机溶剂的工作场所，应当定期检测空气中各种有机溶剂的浓度，使其符合国家职业卫生标准。对于苯、卤代烃类化合物、甲醇、正己烷等危害较大的化合物，应当通过工艺改革寻找低毒替代物，减少人的接触机会。而对于家庭装修的有机溶剂接触，除了购买安全环保产品外，在入住前应当充分开窗通风，将空气中的有机溶剂控制在安全的剂量水平。有机溶剂的滥用与依赖，有可能导致潜在危害，需要提醒有关方面的注意。

25. 有机溶剂接触的急救措施有哪些？

（1）皮肤接触：脱去被污染的衣着，用大量流动清水冲洗，至少15分钟。必要时及时就医。

（2）眼睛接触：立即提起眼睑，用大量流动清水或生理盐水彻底冲洗至少 15 分钟，就医。

（3）吸入：迅速脱离现场至空气新鲜处（上风处），保持呼吸道畅通。如呼吸困难，给输氧。如呼吸停止，立即进行人工呼吸，就医。

（4）食入：饮足量温水，催吐，就医。

（5）灭火方法：灭火剂有雾状水、抗溶性泡沫、干粉、二氧化碳、沙土。尽可能将容器从火场移至空旷处。喷水保持火场容器冷却，直至灭火结束。

26. 有机溶剂泄漏的应急处理措施有哪些？

迅速撤离泄漏污染区人员至安全区，并进行隔离，严格限制出入。切断火源，建议应急处理人员自给正压式呼吸器，穿消防防护服。尽可能切断泄漏源，防止进入下水道、排洪沟等限制性空间。小量泄漏：用沙土或其他不燃材料吸附或吸收；也可以用大量水冲洗，洗水稀释后排入废水系统。大量泄漏：构筑围堤或挖坑收容；用泡沫覆盖，降低蒸汽灾害。用防爆泵转移至槽车或专用收集器内，回收或运至废物处理场所处置。

27. 目前有哪些新型环保涂料？

油性涂料由于大量使用有机溶剂，毒性较大，目前比较环保的涂料主要是水溶性涂料和乳胶漆。除此以外，还有一些新型涂料，其环保和装饰效果突出，从而受到越来越多消费者的欢迎。

（1）硅藻泥涂料：新型硅藻泥涂料和水性涂料一样，本身无污染。硅藻泥由硅藻土等天然无机材料组成，质地轻软、多孔，具有极强的物理吸附性能和离子交换性能，因而具备了净化空气、消除异味、杀菌消毒、呼吸调湿、寿命超长、墙面自洁、吸音降噪、隔热节能、防火阻燃等特性，真正地实现绿色环保。

（2）艺术涂料：如今，在家装展和建材市场上还有一种装饰性很强的艺术涂料，也称"液体壁纸"。它涂刷在覆有腻子乳胶漆的墙面上，利用专用的模具，涂刷出各种图案，同样可以做出壁纸般色彩鲜艳的图案，还可以仿金属、水波、木纹、石材等立体图案，给居室墙面带来与众不同的艺术效果。该类产品克服了乳胶漆色彩的单一，和墙纸易起泡、翘边、寿命短的缺点，有无毒、环保的特性，同时还具备防水、防尘、阻燃等功能。

（3）纳米涂料：晴热高温天，窗户长时间遭受烘烤，室内就会热气腾腾。若在玻璃上涂一层薄薄的节能纳米涂料，即可防晒隔热，使室内温度降低约 6～8℃。纳米涂料最大的特点，就是有自洁功能，可防霉杀菌，有效去除室内装修污染，分解甲醛、苯胺、VOC 等有害气体，释放负离子，净化室内空气，真正起到改善居住环境的作用。

（4）仿瓷涂料：近年来还出现一种仿瓷涂料，其表面细腻，光洁如瓷，且不脱粉、无毒、无味、透气性好，看上去感觉十分淡雅、明亮、清爽。

28. 为什么应尽量少使用涂彩漆的筷子？

涂彩漆的筷子不要使用，因为涂料中的重金属铅以及有机溶剂如苯等物质具有致癌性，而且，随着使用中的磨损，筷子上的涂料一旦脱落，随食物进入人体，会严重危害人的健康。尤其有些家庭喜欢给孩子使用颜色亮丽的彩漆筷子，孩子对铅、苯等的承受力很低，一定要避免使用。

29. 为什么不要给孩子买便宜劣质的玩具？

有些不法商贩回收医疗垃圾制作儿童玩具，用多次回收的二手料生产出来的玩具带有刺鼻的味道，含有甲醛等物质，易造成儿童慢性中毒，甚至引发白血病。多数的劣质塑料玩具都含有邻苯二甲酸酯，因为添加了这种塑化剂的玩具材料成本很低。邻苯二甲酸酯（DEHP）主要用作塑料的塑化剂，可使塑料变得柔软，增强手感。沐浴塑胶玩具，包括最常见的黄色洗澡鸭，塑化剂含量竟超出当地及国际标准 62～380 倍。医学专家称，邻苯二甲酸酯是"环境荷尔蒙"的一种，属可干扰内分泌的化学物质，可能干扰破坏儿童原有内分泌系统的平衡及功能，使男性雌性化或增加女性罹患乳腺癌几率，令女童增加性早熟风险。不合格的"洗澡鸭"一旦遇上热水及沐浴乳等油脂性物质，便可释出塑化剂，幼儿透过皮肤或将玩具放入口中时可摄入，造成伤害。

第二章　废有机溶剂的产生与污染特征

30. 什么是废有机溶剂？

有机溶剂作为清洗剂、萃取剂等，在使用后，丢弃的废液称为废有机溶剂，不同类型的废有机溶剂成分迥异，通常包括链烷烃、烯烃、醇、醛、胺、酯、醚、酮、芳香烃、氢化烃、萜烯烃、卤代烃、杂环化物、含氮化合物及含硫化合物等，具有较大的挥发性、脂溶性，其中，苯类、卤代烃类等还具有较大毒性。

31. 废有机溶剂的主要来源有哪些？

大部分使用有机溶剂的行业会产生废有机溶剂，产生废有机溶剂的行业包括：汽车行业，电子行业，内饰装饰行业，涂料行业，无机材料行业，制药行业，家具（玩具）制造行业，包装行业，干洗行业，皮革制造行业，印刷行业，电池制造行业等。

32. 废有机溶剂有哪些特点？

废有机溶剂根据产生情况的不同，有可能是成分复杂的混合废液，也可能是成分单一的废液，常含有重金属、粉尘等污物。由于废有机溶剂具有强烈的挥发性、易燃易爆性，甚至有毒性，因此国家将其纳入《国家危险废物名录》中的 HW06、HW41、HW42 类，作为危险废物管理。

33. 《国家危险废物名录》中是如何规定废有机溶剂的？

根据《中华人民共和国固体废物污染环境防治法》，特制定《国家危险废物名录》。现予公布，自 2008 年 8 月 1 日起施行。

1998 年 1 月 4 日原国家环境保护局、国家经济贸易委员会、对外贸易经济合作部、公安部发布的《国家危险废物名录》（环发〔1998〕89号）同时废止。

国家危险废物名录的相关规定

第一条　根据《中华人民共和国固体废物污染环境防治法》的有关规定，制定本名录。

第二条　具有下列情形之一的固体废物和液态废物，列入本名录：

（一）具有腐蚀性、毒性、易燃性、反应性或者感染性等一种或者几种危险特性的；

（二）不排除具有危险特性，可能对环境或者人体健康造成有害影响，需要按照危险废物进行管理的。

第三条　医疗废物属于危险废物。《医疗废物分类目录》根据《医疗废物管理条例》另行制定和公布。

第四条　未列入本名录和《医疗废物分类目录》的固体废物和液态废物，由国务院环境保护行政主管部门组织专家，根据国家危险废物鉴别标准和鉴别方法认定具有危险特性的，属于危险废物，适时增补进本名录。

第五条　危险废物和非危险废物混合物的性质判定，按照国家危险废物鉴别标准执行。

第六条　家庭日常生活中产生的废药品及其包装物、废杀虫剂和消毒剂及其包装物、废油漆和溶剂及其包装物、废矿物油及其包装物、废胶片及废相纸、废荧光灯管、废温度计、废血压计、废镍镉电池和氧化汞电池以及电子类危险废物等，可以不按照危险废物进行管理。

将前款所列废弃物从生活垃圾中分类收集后，其运输、贮存、利用或者处置，按照危险废物进行管理。

第七条　国务院环境保护行政主管部门将根据危险废物环境管理的需要，对本名录进行适时调整并公布。

第八条　本名录中有关术语的含义如下：

（一）"废物类别"是按照《控制危险废物越境转移及其处置巴塞尔公约》划定的类别进行的归类。

（二）"行业来源"是某种危险废物的产生源。

（三）"废物代码"是危险废物的唯一代码，为8位数字。其中，第1~3位为危险废物产生行业代码，第4~6位为废物顺序代码，第7~8位为废物类别代码。

（四）"危险特性"是指腐蚀性（Corrosivity，C）、毒性（Toxicity，T）、易燃性（Ignitability，I）、反应性（Reactivity，R）和感染性（Infectivity，In）。

第九条　本名录自2008年8月1日起施行。1998年1月4日原国家环境保护局、国家经济贸易委员会、对外贸易经济合作部、公安部发布的《国家危险废物名录》（环发〔1998〕89号）同时废止。

废有机溶剂在国家危险废物名录中的规定

废物类别	行业来源	废物代码	危险废物	危险特性
HW06 有机溶剂废物	基础化学原料制造	261-001-06	硝基苯-苯胺生产过程中产生的废液	T
		261-002-06	羧酸肼法生产1,1-二甲基肼过程中产品分离和冷凝反应器排气产生的塔顶流出物	T
		261-003-06	羧酸肼法生产1,1-二甲基肼过程中产品精制产生的废过滤器滤芯	T
		261-004-06	甲苯硝化法生产二硝基甲苯过程中产生的洗涤废液	T
		261-005-06	有机溶剂的合成、裂解、分离、脱色、催化、沉淀、精馏等过程中产生的反应残余物、废催化剂、吸附过滤物及载体	I，T
		261-006-06	有机溶剂的生产、配制、使用过程中产生的含有有机溶剂的清洗杂物	I，T

续表

废物类别	行业来源	废物代码	危险废物	危险特性
HW41 废卤化有机溶剂	印刷	231-009-41	使用有机溶剂进行橡皮版印刷，以及清洗印刷工具产生的废卤化有机溶剂	I, T
	基础化学原料制造	261-073-41	氯苯生产过程中产品洗涤工序从反应器分离出的废液	T
		261-074-41	卤化有机溶剂生产、配制过程中产生的残液、吸附过滤物、反应残渣、废水处理污泥及废载体	T
		261-075-41	卤化有机溶剂生产、配制过程中产生的报废产品	T
	电子元件制造	406-008-41	使用聚酰亚胺有机溶剂进行液晶显示板的涂敷、液晶体的填充产生的废卤化有机溶剂	I, T
	非特定行业	900-400-41	塑料板管棒生产中织品应用工艺使用有机溶剂黏合剂产生的废卤化有机溶剂	I, T
		900-401-41	使用有机溶剂进行干洗、清洗、油漆剥落、溶剂除油和光漆涂布产生的废卤化有机溶剂	I, T
		900-402-41	使用有机溶剂进行火漆剥落产生的废卤化有机溶剂	I, T
		900-403-41	使用有机溶剂进行图形显影、电镀阻挡层或抗蚀层的脱除、阻焊层涂敷、上助焊剂（松香）、蒸汽除油或光敏物料涂敷产生的废卤化有机溶剂	I, T
		900-449-41	其他生产、销售及使用过程中产生的废卤化有机溶剂、水洗液、母液、污泥	T

废物类别	行业来源	废物代码	危险废物	危险特性
HW42 废有机溶剂	印刷	231-010-42	使用有机溶剂进行橡皮版印刷，以及清洗印刷工具产生的废有机溶剂	I，T
	基础化学原料制造	261-076-42	有机溶剂生产、配制过程中产生的残液、吸附过滤物、反应残渣、水处理污泥及废载体	T
		261-077-42	有机溶剂生产、配制过程中产生的报废产品	T
	电子元件制造	406-009-42	使用聚酰亚胺有机溶剂进行液晶显示板的涂敷、液晶体的填充产生的废有机溶剂	I，T
	皮革鞣制加工	191-001-42	皮革工业中含有有机溶剂的除油废物	T
	毛纺织和染整精加工	172-001-42	纺织工业染整过程中含有有机溶剂的废物	T
	非特定行业	900-450-42	塑料板管棒生产中织品应用工艺使用有机溶剂黏合剂产生的废有机溶剂	I，T
		900-451-42	使用有机溶剂进行脱碳、干洗、清洗、油漆剥落、溶剂除油和光漆涂布产生的废有机溶剂	I，T
		900-452-42	使用有机溶剂进行图形显影、电镀阻挡层或抗蚀层的脱除、阻焊层涂敷、上助焊剂（松香）、蒸汽除油及光敏物料涂敷产生的废有机溶剂	I，T
		900-499-42	其他生产、销售及使用过程中产生的废有机溶剂、水洗液、母液、废水处理污泥	T

34. 我国废有机溶剂产生情况如何？

我国 2011 年收集到的废有机溶剂量为 51 万吨，其中重庆市作为危险废物管理较为严格的城市，废有机溶剂的收集量最大。2012 年废有机溶剂收集量有小幅增长，不超过 60 万吨。这是环境管理工作越来越严格的成效。但是 2013 年废有机溶剂的收集量低于 50 万吨，低于 2011 年的收集量。这是由于很多环保型的产品的开发减少了有机溶剂的使用，比如水性涂料，利用水作为溶剂，大大减少了有机溶剂的使用，因此废有机溶剂的产生量也相应减少了。

35. 如何减少废有机溶剂的产生？

首先，发展新型的环保型产品，利用无毒无害原料生产产品；其次，将有机溶剂进行重复循环使用，直至无法使用后还可进行蒸馏再生等。重复再利用不仅可减少废物的产生，亦可降低企业的生产成本。

36. 废有机溶剂中含有哪些有害成分？

废有机溶剂中不仅包含了有机溶剂本身存在的有毒有害成分，还可能包含固态残渣如树脂、金属成分等。由于大部分的废有机溶剂为混合废液或溶剂本身为多种有机物混合而成，因此成分复杂且多变。

37. 我国废有机溶剂回收模式是怎样的？

我国按照危险废物管理规定，将危险废物全部交由具有危险废物处理资质的单位处理。产生废有机溶剂的企业应与处理单位签订危险废物处理合同，定期由处理单位将废有机溶剂运至危险废物处理单位进行处理。

38. 我国废有机溶剂回收情况如何？

我国 2013 年收集有机溶剂 47 万吨，9000 桶，其中利用量为 43 万吨，处置量为 4 万吨，9000 桶左右。其中江苏省的废有机溶剂回收量最大，大约为 5 万吨；吉林省及重庆市产生量随其后，为 2 万吨左右。

39. 对废有机溶剂的贮存容器有哪些要求？

由于废有机溶剂具有强烈的挥发性，且挥发性有机溶剂可污染大气，被人体吸入对健康有严重的损害，因此要求对废有机溶剂使用罐装或桶装进行密封贮存，且采取防渗措施，避免跑冒滴漏等现象的发生。

40. 盛装有机溶剂的容器应如何处理？

国家危险废物名录中 HW06 中"有机溶剂的生产、配制、使用过程中产生的含有有机溶剂的清洗杂物"，其中包含盛装有机溶剂及废有机溶剂的桶装容器，也应该按照危险废物进行处理。一般的处理方式为进入危险废物装置进行焚烧处理。

41. 废有机溶剂一般以什么方式贮存？

废有机溶剂由于有强烈的挥发性，易燃易爆及毒性，因此废有机溶剂一般采取密封贮存。常见的废有机溶剂根据企业的产生情况分为罐装和桶装。产生量大的一般经过管道直接运输，进入到储液罐中封闭储存；产生量小的收集到桶中，封闭储存。

42. 废有机溶剂在贮存及运输过程中有哪些环境污染？

废有机溶剂在贮存及运输过程中，如果操作不当或设备故障，则有可能发生泄漏。泄漏的废有机溶剂在正常的压力及温度下，很容易变成气体逸散到空气中，经由眼睛或皮肤接触等途径而进入人体，对特殊的组织、器官等造成伤害，从而可能引发各种不同的急性或慢性中毒症状。

43. 我国废有机溶剂的主要流向有哪些？

废有机溶剂被纳入我国危险废物管理名录，应按照危险废物进行管理。要求企业产生的废有机溶剂按照危险废物送至有处理资质的危险废物处理企业进行处理。但是，由于处理费用高，环境管理不严格，仍有很多企业将废有机溶剂出售给没有危险废物处理资质的小作坊进行废有机溶剂的再生；少量的废有机溶剂被随意倾倒或随着生活污水进入生活污水管网。

44. 废有机溶剂不正当处置过程中会产生哪些环境风险？

我国地广人多，一些不法分子将危险废物作为致富手段，利用深山丛林作为掩护，把废有机溶剂的回收地下加工厂设在里面，企图以此躲避执法人员的检查。这些非法的地下加工厂，往往只有几间泥砖房，一口简易蒸锅，用水泥砖、铁皮板在农用地上搭建简易储存仓库。废有机溶剂在这种条件下被储存并加工，不仅容易破坏周边生态环境，而且很容易引起环境安全事故。

45. 汽车行业废有机溶剂的特点

汽车行业产生的废有机溶剂一般出现在汽车进行各部分喷漆后的清洗环节，包括清洗油漆桶、喷漆枪头以及喷在地上的油漆等。其中喷漆用的调和油漆需要用到稀释剂（主要含醇类、酯类、醚酯类和二甲苯）；清洗汽缸以及喷漆枪用到的清洗剂（醇类30%、酯类60%、酮类10%，不含苯、甲苯、二甲苯）。

46. 化工行业废有机溶剂的特点

化学反应使用的溶剂量很大，但是都要回收再利用，产生废有机溶剂量很少。所以与其他领域相比，化学工业产生的废有机溶剂并不是最大的。化学工业的溶剂主要使用在黏合剂、密封剂、聚合溶剂、反应溶剂、萃取剂等等。黏合剂与密封剂的主要成分是聚合物，其黏度一般较高，往往需要加入有机溶剂稀释，在使用过程中有机溶剂随黏合剂挥发，基本不产生有机溶剂废液，只是产生有害气体的释放。因此一般选择溶解性好毒性较小的溶剂（如醋酸酯类、醇类、二甲苯、石油醚、己烷、水）等。

47. 电子行业废有机溶剂的特点

为了确保电子制造工艺的顺利进行，保证所生产制造的产品品质和可靠性，必须在工艺实施的许多环节导入清洗工序和使用清洗剂。在电子信息产品加工工艺中，SMT（表面贴装技术）印刷模板、波峰炉具、回流炉具、PCBA（组装线路板）的清洗每年都要消耗大量的清洗剂。目前精密清洗行业用得较多的清洗剂是溶剂型清洗剂，主要包括卤代烃类（氯代烃、溴代烃和氟代烃）、石油类、醇类、醚类、二醇酯类和硅氧烷类等。该类清洗剂技术已是成熟技术，大多具有良好的清洗效果。但是，溶剂类清洗剂存在价格高、毒性高、产生温室效应、破坏臭氧层、易燃易爆以及操作不安全等缺点。

48. 内饰行业废有机溶剂的特点

整个生产工艺流程中会产生危险废物共有 4 个部分：
（1）胶枪头中残余的胶，胶是用来粘合使用的；
（2）清洗胶枪使用有机溶剂，主要使用丙酮，少量使用乙醇；
（3）聚氨酯泡沫边角料、切割废料；
（4）导热油、液压油。该行业使用有机溶剂量较小，但废有机溶剂中常含有聚氨酯等聚合物质。

49. 涂料行业废有机溶剂的特点

涂料行业产生的废有机溶剂一般出现在砂磨、调和、过滤三个阶段。例如，在过滤阶段，一般需要过滤的油漆主要是色漆，因为色漆是要在油漆中加入体质颜料，一般体质颜料的颗粒比较大，在加入油漆前需要研磨得比较细，但仍然有可能存在比较大的颗粒。另外，存放过程中体质颜料也可能结块，如果不经过细目滤网过滤，这些比较大的颗粒就会在油漆表面形成一个个突起的点，影响油漆的涂饰效果。由于色漆的颜色多种多样，所以过滤后的设备需要用二甲苯等溶剂清洗，会产生废有机溶剂，杂质一般为漆渣树脂颜料等。

50. 玻璃纤维生产企业废有机溶剂的特点

某玻璃纤维生产企业使用到的唯一有机溶剂为丙酮，是作为清洗剂用于清洗浸润剂。浸润剂是一种水包油乳液，其中含有很多树脂，会沾染在容器壁内，需用丙酮定期清洗，每天基本都要进行清洗。清洗废液会与浸润剂废液一同排入工业废水中进行废水处理，但是如果有结块的浸润剂的树脂，会收集起来作为废渣，呈黏稠状态。

51. 制药行业废有机溶剂的特点

化学合成类制药企业是指采用生物的、化学的方法制造的具有预防、治疗和调节机体功能及诊断作用的化学物质的企业。在化学合成工艺中，企业往往使用多种优先污染物作为反应和净化的溶剂，包括苯、氯苯、氯仿等。醇、乙酸、乙醚、氯甲烷、四氢呋喃、丙酮、硝基苯、喹啉、甲苯、苯、二氯甲烷、氯仿、乙腈等是常用的溶剂。

52. 家具制造行业（玩具制造）废有机溶剂的特点

玩具制造行业产生的废有机溶剂一般出现在用稀释剂调和玩具油漆环节，以及玩具表面进行各部分喷漆后的清洗环节，包括清洗油漆桶、喷漆枪头以及喷漆后模具中附着的油漆等等，与涂料行业及汽车行业废有机溶剂产生情况非常相似。

53. 包装行业废有机溶剂的特点

包装行业产生的废有机溶剂一般出现在喷漆后的清洗环节，包括清洗底漆、油漆桶、过滤颜料的格栅等等。

54. 干洗行业废有机溶剂的特点

对于普通衣服，一般用水即可清洗干净；若沾染了食用油、口红、圆珠笔等动植物和矿物油为主体的油垢，用水较难去除，一般可用挥发性强的汽油、石油醚或松节油等烃类溶剂去除（简称干洗）。对于一些羊毛织物来说，若用水洗，羊毛在强烈的机械摩擦作用下，会毡缩变形，因此也要用有机溶剂干洗。目前使用的干洗剂主要是烃类和卤代烃溶剂，应用最多的为四氯乙烯。

55. 皮革制造业废有机溶剂的特点

目前皮革业产生污染还是比较大，主要涉及鞣前准备工序、鞣制工序、湿态染整工序和干态整饰工序。其中有机溶剂危害主要在鞣制、湿态染整和干态整饰三个工序。在鞣制工序，用于皮革的鞣制、毛皮的烫毛，防腐剂和填充剂都需要甲醛。湿态染整工序的复鞣剂主要使用戊二醛，染色阶序主要用孔雀石绿作为三苯甲烷染料的代表物以及皮革黑 LR-N 等产品，它是联苯胺的代用染料。干态整饰工序合成革生产阶段主要应用 DMF（二甲基亚酰胺）。皮革行业生产过程中所用的胶粘剂，含有苯、甲苯、二甲苯等有毒有害物质。

56. 印刷行业废有机溶剂的特点

印刷行业涉及有机溶剂的原料主要是油墨。油墨主要由 60% ~80% 的有机溶剂（包括稀释剂），5% ~15% 的颜料，及 0% ~5% 的助剂等物质组成。油墨按印刷方式分为凸版、凹版、平版、网版。印刷油墨经常使用的油墨溶剂有：

醇类溶剂　乙醇（酒精）、异丙醇、正丁醇；

酯类溶剂　醋酸乙酯、醋酸丁酯、醋酸异丙酯；

苯类溶剂　甲苯、二甲苯；

酮类溶剂　环己酮、丙酮、甲乙酮（丁酮）。

印刷工艺在清洗过程会产生废有机溶剂，但大部分有机溶剂都以 VOC 形式挥发了，产生的废有机溶剂量非常少。

第三章 废有机溶剂的再生利用及污染控制

57. 什么是废有机溶剂的再生？

在众多的废有机溶剂中，有一部分具有较高的回收利用价值，如三氯乙烯、二氯甲烷、异丙醇等。有机溶剂的再生主要采用物理原理，利用不同类别溶剂沸点的不同，进行蒸发、分馏，实现有机溶剂的再生。

58. 废有机溶剂的再生利用技术有哪些？

废有机溶剂再生利用技术较多，一般采用焚烧的方法，不仅处理成本较高，而且造成资源的严重浪费，焚烧烟气处理不当还会对环境造成污染。目前研制出的新型废有机溶剂再生处理系统可充分采用闪蒸、精馏技术对废有机溶剂进行精制，使之成为高纯度的有机溶剂，实现资源的再利用，具有较好的经济效益、社会效益和环境效益。

59. 废有机溶剂再生利用包括哪些流程？

废有机溶剂的具体组成情况各有不同，但其再生工艺一般分为两步。

第一步是对废有机溶剂进行预处理。预处理主要完成废有机溶剂中和、脱水、脱渣等工序。预处理采用蒸发工艺，拟回收的有机溶剂及部分水经过蒸发分离出来，进入下道工序。蒸发残液（也称釜底液）中主要包括高沸点成分及废有机溶剂中原有的固态残渣如树脂、金属等。根据国家危险废物名录，这些蒸发残液属危险废物。

第二步是分馏。经预处理蒸发出来的废有机溶剂按不同的沸点进行分馏，实现目标组分和杂质的分离，从而得到产品。根据对产品纯度要求的不同，可通过多级分馏，得到纯度更高的产品。

60. 废有机溶剂再生的工艺过程是怎样的？

（1）原料在加热釜中边搅拌边加热，蒸发的气相组分进入蒸馏塔，而蒸发残渣或高沸点非目的组分则从釜底排除系统。

（2）进入蒸馏塔的气相组分经过多次气液交换并经塔顶冷却系统冷凝回收后，就会得到所定组分。

（3）控制塔顶温度可以得到沸点不同的塔顶流出组分。

（4）根据原料组成和目的产品的不同，适当调节加热釜和蒸馏塔顶温度以及系统压力，就可以得到相应的目的产品。

61. 废有机溶剂再生系统有哪些设施？

（1）储存罐（桶）。各种废有机溶剂等原料全部采用桶装贮存。设置废有机溶剂插桶供料泵。废有机溶剂通过供料泵及管道进入生产储料罐进行再生处理。

（2）精馏釜（塔）。

加热部分：饱和蒸汽经阀门控制，通过列管换热器，达到加热釜内原料的目的。控制要求：蒸汽管道阀门为气动调节阀，并加装手动阀门旁路，控制终端为控制台。

回流部分：换热器将气态物料转变成液态，通过回流罐、泵、流量计等按一定的回流比分别进塔段、产品罐。控制要求：流量计选用可远传信号的，其终端为控制台。

控制阀门为气动调节阀。回流罐配有远传液位装置，液体输送可选用压差形式，也可选用泵输送形式。

（3）产品罐。将产品直接放入产品罐中，产品罐上配有远传液位装置及玻璃管液面计。

（4）脱水装置。采用分子筛吸附装置进行脱水。

62. 什么是废有机溶剂的膜分离？

膜分离是指分子混合状态的气体或液体，经过特定膜的渗透作用，改变其分子混合物的组成，直至能使某一种分子从其他混合物中分离出来，从而实现混合物分离的目的。膜分离的推动力来自膜两侧化学势之差，即膜两侧的压力差、电位差和浓度差，具体有渗透法、电渗析法、浓度渗透法等。

63. 什么是废有机溶剂的萃取？

萃取是利用系统中组分在不同溶液中有不同的溶解度来分离混合物的单元操作。萃取剂一般也为有机溶剂，萃取剂废弃后也会作为废有机溶剂，如乙醇常用作中草药中有用成分的萃取剂（或提取剂），乙醇和中药成分分离后将会产生含各种杂质的乙醇废液。

64. 什么是废有机溶剂的干燥？

干燥常指借热能使物料中水分（或溶剂）气化，并由惰性气体带走所生成的蒸汽的过程。干燥可分为自然干燥和人工干燥两种，有真空干燥、冷冻干燥、气流干燥、微波干燥、红外线干燥和高频率干燥等方法。干燥法会产生大量的挥发性有机溶剂废气，需使用有机废气吸收及处理设施。

65. 什么是废有机溶剂的吸附？

吸附是指物质（主要是固体物质）表面吸住周围介质（液体或气体）中的分子或离子的现象。例如，可以进行连续操作的分子筛，物料连续进入填充床，分子筛可以只吸附固定体积的分子，而将体积过大的分子拦住。石油气和天然气的分离经常采用这种方式。吸附作用是催化、脱色、脱臭、防毒等工业应用中必不可少的操作单元。使用吸附剂吸附有机溶剂后，会成为沾染有机溶剂废物，这类废物目前在我国也作为危险废物管理，需妥善处置。

66. 什么是废有机溶剂的活性炭吸附技术？

活性炭吸附是目前使用最广泛的回收技术，主要用于以下有机溶剂的回收：

（1）脂肪族与芳香族的碳氢化合物，碳原子数在 $C_4 \sim C_{14}$ 之间；

（2）大多数的卤素族溶剂，包括四氯化碳、二氯乙烯、过氯乙烯、三氯乙烯等；

（3）大多数的酮（丙酮、甲基酮）和一些酯（乙酸丁酯、乙酸乙酯）；

（4）醇类（乙醇、丙醇、丁醇）。

活性炭吸附法由吸附和脱附再生两大部分组成。吸附的原理是吸附剂有较大的比表面积，对危险废物中的有机物产生吸附，此吸附多为物理吸附，过程可逆；当吸附达到饱和后，再用适当的方法脱吸。再生的活性炭可循环使用。吸附过程常用两个吸附器，当一个吸附时，另一个脱附再生，保证过程的连续性。

在酸性条件下，活性炭能从水中吸附酚，所以在碱性条件下能够解析还原。相似的过程也可以用于对乙酸和苯酚的回收。也有碱性被吸附物在酸性条件下解吸，如乙二胺。挥发性溶剂既可以从气态也可以从水中吸附，并通过蒸汽再生法解吸。解吸出来的蒸汽经冷凝器冷凝，冷凝液收集于容器中。如果溶剂不溶于水，可通过分层得到溶剂；如果溶剂溶于水，要通过蒸馏来分离。脱附后活性炭用热蒸汽干燥后循环使用，一般可重复使用5年。

67. 什么是废有机溶剂的超临界水氧化技术？

超临界水氧化法，简称 SCWO 法，是一种新的有机废水处理技术。它的反应机理是利用超临界水作为介质和反应物来氧化分解有机物。对超临界水的氢键特征的研究表明，在 400℃ 的超临界温度下，几乎所有水的氢键都会断裂。量子化学计算表明，超临界水能提供一种新的反应途径，它能与正在反应的分子形成能够降低成键和断键活化能的结构。其主要优势是可将难降解的有机物在很短的时间内，以高于 99% 以上的去除效率氧化成 CO_2、N_2 和水等无毒小分子化合物，无二次污染；反应器体积小，结构简单；有机物在超临界水氧化时放出大量的热，有机物质量分数大于 3% 时，即可实现自然反应，节约能源。

SCWO 技术的主要特点：

（1）均相反应。SCWO 使本来发生在液相或固相有机废料和气相氧气之间的多相反应转化为在超临界水中的单相氧化反应，即均相反应。因此，反应速率快，停留时间短（一般不超过 1 分钟），反应器结构简单，设备体积小。

（2）处理范围广。SCWO 技术不仅可以处理废有机溶剂，还可以分解很多有机化合物，如甲烷、对氨基苯酚、十二烷基磺酸钠等。另外，根据需要还可以通过控制反应条件生成所需的化合物。

（3）处理效率高。在 SCWO 环境中，由于可以形成氧化物、碳氢化合物、水体系的均一相，因此没有传质阻力，而且大多不需使用催化剂，氧化效率很高，大部分有机物的去除率可达 99%以上。

（4）无二次污染。由于反应是在封闭环境下进行，有机组分（包括有毒、有害、难降解有机物）在适当的温度、压力和一定的停留时间条件下，能被完全氧化为 CO_2、H_2O、N_2、SO_4^{2-}、PO_4^{3-} 等无机组分。

（5）节约能源。反应为放热反应，有机物质量分数大于 3%时可实现自热反应，不需要外界供热，多余的热能还可以回收。

（6）便于盐的分离。无机组分与盐类在超临界水中的溶解度很低，几乎可以全部沉淀析出，使反应过程中盐的分离变得容易。

（7）选择性好。通过调节温度与压力，可以改变水的密度、黏度、扩散系数、介电常数等物理化学特性，从而改变其对有机污染物的溶解性能，达到选择性控制反应产物的目的。

68. 什么是废有机溶剂的热解？

因对三氯乙烯等卤代溶剂的使用规定非常严格，目前此类废溶剂的处理以热分解为主。液中燃烧罐技术和接触湿式氧化是两种可供选择的新技术，但接触湿式氧化因在高压下运行，不仅装置成本较高，而且对操作要求也较高。热解过程会产生大量有机溶剂废气，需配置使用有机废气的处理设施。

下列几点需要重视：混入 3~5 倍沸点相近的可燃溶剂；喷嘴前火焰温度不低于 1300℃；燃烧气体足够的停留时间；烟气需要净化。

69. 什么是废有机溶剂的焚烧？

液体废物一般可以分为油性、水性或混合性物质。按其特性，一般需在焚烧前进行预热和蒸发，随后进行焚烧。在焚烧过程中，燃烧的进行与加热特性、蒸发接触面积、气氛以及催化剂的种类有关，也与射流流场有关。根据液体燃烧理论，液体危险废物也可以处理成细滴喷射或物化边蒸发边燃烧，在配合配置氧化剂（空气）下可以得到良好的燃烧效果。若上述过程控制不合理，则时常会出现黑烟、析炭、结焦等不良现象，也使焚烧过程不能完善的进行。由于在液体焚烧过程中，大部分为蒸发燃烧，会吸收大量热量，对燃烧温度影响很大，甚至可能出现因过度蒸发使温度急剧下降而造成"熄火"现象。

液体的焚烧过程是：水分在高温下迅速汽化，空气与废液充分接触、混合、热解、着火、燃烧，使废液中有毒有害组分被焚毁。其燃烧过程由蒸发、扩散混合、化学反应三个部分组成。研究表明，在常温常压下，蒸发过程与扩散混合过程和燃烧过程相比是最缓慢的环节，因而是关键控制步骤。

不仅废液的燃烧速度取决于蒸发速率的大小，整个燃烧过程乃至燃烧特性都受到蒸发过程的影响，提高蒸发速率是保证燃烧过程的关键。加速蒸发过程的关键是增加液体燃料的蒸发表面积，常用方法是用喷嘴将液体燃料雾化为很细的油群。研究表明，燃烧速率与液滴粒径的二次方成反比，即液体雾化得越细，燃烧速率越快，燃烧越完全。

根据物化、蒸发与扩散混合的位置不同，液体废物焚烧又可分为"顶蒸发型"燃烧与"喷雾型"燃烧。

（1）顶蒸发型燃烧。燃料在进入燃烧空间之前已经雾化和蒸发完毕，并以燃料蒸汽的形式与空气按一定比例混合后进入燃烧空间燃烧。

（2）喷雾型燃烧。燃料直接喷入燃烧空间进行雾化蒸发，同时进行扩散混合和燃烧的方式称为喷雾型燃烧。

液体危险废物中常常含有大量有严重危害的重金属离子及剧毒有机物，其在焚烧过程中常常会随着飞灰排出，甚至形成新的更毒物质。在液体危险废物的焚烧过程中，虽然表面上看焚烧过程进行的相当完善，但其污染特性都可能十分危险，因此，需要认真对待，严格管理和控制。

70. 废有机溶剂再生利用过程中有哪些污染物排放？

废有机溶剂在再生利用过程中会产量大量污染物，包括：清洗废水、生产废水以及反冲水、锅炉排污水、冷却塔排放水、生活污水等；燃烧废气、无组织排放工艺废气等；含渣废液、预处理废液、废水处理后产生的废液等。

71. 废有机溶剂再生利用的废水污染防治措施有哪些？

锅炉反冲水和锅炉排污水经调整 pH 值后，排入污水管网由污水处理厂处理。冷却塔排放废水、生活污水直接排入污水管网，由污水处理厂处理。

72. 废有机溶剂再生利用的废气污染防治措施有哪些？

对燃油锅炉采用含硫量及灰分较低的相对较清洁的轻质油作燃油，从源头上减少污染物的产生量；烟气通过一定高度的烟囱排放，减轻污染。

对工艺废气，即在再生、精制过程中从生产系统逸出的废气，需通过控制生产系统的压力、密封性，以减少有机溶剂挥发而形成的污染量。在停工时，充分蒸馏系统内残存溶剂；开停工时，均采取氮气覆盖保护等技术防范措施，控制有机溶剂挥发逃逸。

73. 废有机溶剂有哪些处理技术？

在众多的废有机溶剂中，有一部分具有较高的回收利用价值，如三氯乙烯、二氯甲烷、异丙醇等。这三种物质都是优良的溶剂，常用于金属表面的除油和金属配件的表面处理、玻璃的清洗等。废液的来源主要是电子电镀厂、金属精密仪器生产厂和机电设备制造厂等。废有机溶剂回收技术主要有蒸馏、膜分离、萃取、干燥、中和、吸附等，处置方式一般以焚烧为主。

74. 废有机溶剂处理企业发展趋势如何？

我国2011年各省地区直辖市共设有危险废物处置单位196家，2012年有194家，2013年有166家，其中江苏省的处理单位有明显减少。有部分省市从没有危险废物处理单位到新建了危险废物处理单位，有了实质性的进步。

75. 废有机溶剂处理会有哪些环境的风险？

废有机溶剂在处理过程中会产生废水、废气以及高浓度废液、废渣。这些废物在贮存、运输等过程中也存在挥发与渗漏等危险，会污染大气、地下水及地表水，存在易燃易爆等风险，需严格管理。

76. 废有机溶剂的处理成本如何？

废有机溶剂的处理费用高昂，处理费用高达 3000 元/吨。高昂的处理费用使得生产企业成本大大提高，为了减少成本，不法企业就可能非法处理废有机溶剂。因此，需要加大废有机溶剂的环境管理工作力度。

77. 目前有哪些非法处理废有机溶剂的手段？

非法且最简单的处理废有机溶剂的方法是随意倾倒，随着生活污水排入生活污水管，给后端生活污水处理增加了难度；或者有些简易小作坊进行简陋的有机溶剂回收，由于没有任何污染防治的措施，因此环境污染也非常严重。

78. 非法处理废有机溶剂的环境危害有哪些？

废有机溶剂在非法加工的过程中完全没有废水、废气、高浓度废液与废渣的污染防治措施，还存在随意倾倒的可能，污染物会通过挥发与渗漏进入到大气、地下水中，会进入到动植物与人体内，造成严重的环境污染与人身健康损害。

79. 有机溶剂的事故案例

案例 1：

2006 年 11 月 4 日，北京金隅红树林环保技术有限责任公司化学废品处理车间发生爆炸，并引发大火，导致当时正在车间里作业的 4 名工人受伤，厂房损毁。其事故原因是该公司雇佣的 3 名临时焊工在废弃化学品处理车间从事电焊作业，电焊火花落入放置废油及其他化学废弃物品车间地下室。

案例 2：

2005 年 11 月 13 日下午，吉林石化公司双苯厂一车间发生爆炸，造成当班的 6 名工人中 5 人死亡，一人失踪，事故还造成 60 多人不同程度受伤。爆炸产生的危险废物造成半个多月的松花江严重污染，不但导致了一些地方的社会恐慌和水危机，而且还造成严重的国际影响。

第四章　有机溶剂及废
有机溶剂的管理规定

80. 危险废物有哪些鉴别标准?

为贯彻《中华人民共和国环境保护法》和《中华人民共和国固体废物污染环境防治法》,保护环境,保障人体健康,我国颁布了《危险废物鉴别标准通则》等7项标准为国家固体废物污染环境防治技术标准。

标准名称、编号如下:

（1）危险废物鉴别标准通则（GB 5085.7—2007）

（2）危险废物鉴别标准　腐蚀性鉴别（GB 5085.1—2007）

（3）危险废物鉴别标准　急性毒性初筛（GB5085.2—2007）

（4）危险废物鉴别标准　浸出毒性鉴别（GB 5085.3—2007）

（5）危险废物鉴别标准　易燃性鉴别（GB 5085.4—2007）

（6）危险废物鉴别标准　反应性鉴别（GB 5085.5—2007）

（7）危险废物鉴别标准　毒性物质含量鉴别（GB 5085.6—2007）

81. 危险废物的腐蚀性鉴别标准是什么?

符合下列条件之一的固体废物,属于危险废物。

（1）按照 GB/T 15555,12—1995 的规定制备的浸出液,$pH \geqslant 12.5$,或者 $pH \leqslant 2.0$。

（2）在 55℃条件下,对 GB/T 699 中规定 20 号钢的腐蚀速率 $\geqslant 6.55mm/a$。

82. 危险废物的急性毒性初筛鉴别标准是什么?

（1）经口摄取:固体 $LD_{50} \leqslant 200mg/kg$,液体 $LD_{50} \leqslant 500mg/kg$。

（2）经皮肤接触：$LD_{50} \leqslant 1000mg/kg$。

（3）蒸汽、烟雾或粉尘吸入：$LC_{50} \leqslant 10mg/L$。

83. 危险废物的浸出毒性鉴别标准是什么？

按照 HJ/T 299 制备的固体废物浸出液中任何一种危害成分含量超过表4-1 中所列的浓度限值，则判定该固体废物是具有浸出毒性特征的危险废物。

表4-1　浸出毒性鉴别标准值

序　号	危害成分项目	浸出液中危害成分浓度限值/mg・L^{-1}
无机元素及化合物		
1	铜（以总铜计）	100
2	锌（以总锌计）	100
3	镉（以总镉计）	1
4	铅（以总铅计）	5
5	总铬	15
6	铬（六价）	5
7	烷基汞	不得检出
8	汞（以总汞计）	0.1
9	铍（以总铍计）	0.02
10	钡（以总钡计）	100
11	镍（以总镍计）	5
12	总银	5
13	砷（以总砷计）	5
14	硒（以总硒计）	1
15	无机氟化物（不包括氟化钙）	100
16	氰化物（以 CN^{-} 计）	5

序　号	危害成分项目	浸出液中危害成分浓度限值/mg·L⁻¹
有机农药类		
17	滴滴涕	0.1
18	六六六	0.5
19	乐果	8
20	对硫磷	0.3
21	甲基对硫磷	0.2
22	马拉硫磷	5
23	氯丹	2
24	六氯苯	5
25	毒杀芬	3
26	灭蚁灵	0.05
非挥发性有机化合物		
27	硝基苯	20
28	二硝基苯	20
29	对硝基氯苯	5
30	2，4-二硝基氯苯	5
31	五氯酚及五氯酚钠（以五氯酚计）	50
32	苯酚	3
33	2，4-二氯苯酚	6
34	2，4，6-三氯苯酚	6
35	苯并（a）芘	0.0003
36	邻苯二甲酸二丁酯	2
37	邻苯二甲酸二辛酯	3
38	多氯联苯	0.002

续表 4-1

序 号	危害成分项目	浸出液中危害成分浓度限值/mg·L^{-1}
挥发性有机化合物		
39	苯	1
40	甲苯	1
41	乙苯	4
42	二甲苯	4
43	氯苯	2
44	1，2-二氯苯	4
45	1，4-二氯苯	4
46	丙烯腈	20
47	三氯甲烷	3
48	四氯化碳	0.3
49	三氯乙烯	3
50	四氯乙烯	1

注："不得检出"指甲基汞＜10ng/L，乙基汞＜20ng/L。

84. 危险废物的易燃性鉴别标准是什么？

符合下列任何条件之一的固体废物，属于易燃性危险废物。

（1）液态易燃性危险废物。闪点温度低于 60℃（闭杯试验）的液体、液体混合物或含有固体物质的液体。

（2）固态易燃性危险废物。在标准温度和压力（25℃，101.3kPa）下因摩擦或自发性燃烧而起火，经点燃后能剧烈而持续地燃烧并产生危害的固态废物。

（3）气态易燃性危险废物。在 20℃，101.3kPa 状态下，在与空气的混合物中体积分数≤13% 时可点燃的气体，或者在该状态下，不论易燃下限如何，与空气混合，易燃范围的易燃上限与易燃下限只差大于或等于 12 个百分点的气体。

85. 危险废物的反应性鉴别标准是什么?

符合下列任何条件之一的固体废物,属于反应性危险废物。

(1) 具有爆炸性质

1) 常温常压下不稳定,在无引爆条件下,易发生剧烈变化。

2) 标准温度和压力下 (25℃, 101.3kPa),易发生爆轰或爆炸性分解反应。

3) 受强起爆剂作用或在封闭条件下加热,能发生爆轰或爆炸反应。

(2) 与水或酸接触产生易燃气体或有毒气体

1) 与水混合发生剧烈化学反应,并放出大量易燃气体和热量。

2) 与水混合能产生足以危害人体健康或环境的有毒气体、蒸气或烟雾。

3) 在酸性条件下,每千克含氰化物废物分解产生≥250mg 氰化氢气体,或者每千克含硫化物废物分解产生≥500mg 硫化氢气体。

(3) 废弃氧化剂或有机过氧化物

1) 极易引起燃烧或爆炸的废弃氧化剂。

2) 对热、震动或摩擦极为敏感的含过氧基的废弃有机过氧化物。

86. 危险废物的毒性物质含量鉴别标准是什么?

危险废物鉴别标准:在毒性物质含量鉴别 (GB 5085.6—2007) 标准中的规定,符合下列条件之一的固体废物是危险废物。

(1) 含有该标准附录 A 中的一种或一种以上剧毒物质的总含量≥0.1%。

(2) 含有该标准附录 B 中的一种或一种以上有毒物质的总含

量≥3%。

（3）含有该标准附录 C 中的一种或一种以上致癌性物质的总含量≥0.1%。

（4）含有该标准附录 D 中的一种或一种以上致突变性物质的总含量≥0.1%。

（5）含有该标准附录 E 中的一种或一种以上生殖毒性物质的总含量≥0.5%。

（6）含有该标准附录 A 至附录 E 中两种及以上不同毒性物质。

（7）含有该标准附录 F 中的任何一种持久性有机污染物（除多氯二苯并对二噁英、多氯二苯并呋喃外）的含量≥50mg/kg。

（8）含有多氯二苯并对二噁英和多氯二苯并呋喃的含量≥15μgTEQ/kg。

注：由于附录较长，此处仅列出部分，感兴趣的读者可自行查找。

87. 有机溶剂操作有哪些规定？

严加密闭，提供充分的局部排风和全面通风。操作尽可能机械化、自动化。操作人员必须经过专门培训，严格遵守操作规程。建议操作人员佩戴过滤式防毒面具（全面罩）、自给式呼吸器或通风式呼吸器，穿胶布防毒衣，戴橡胶耐油手套。

远离火种、热源，工作场所严禁吸烟，使用防爆型的通风系统和设备。远离易燃、可燃物，防止蒸气泄漏到工作场所空气中，避免与氧化剂、还原剂、酸类、碱类接触。搬运时要轻装轻卸，防止包装及容器损坏。配备相应品种和数量的消防器材及泄漏应急处理设备。倒空的容器可能残留有害物，须及时处理。

88. 有机溶剂贮存有哪些规定？

储存于阴凉、通风的库房，远离火种、热源，库温不宜超过30℃，保持容器密封。应与氧化剂、还原剂、酸类、碱类、易

（可）燃物、食用化学品分开存放，切忌混储。

采用防爆型照明、通风设施，禁止使用易产生火花的机械设备和工具。储区应备有泄漏应急处理设备和合适的收容材料。

89. 有机溶剂运输有哪些规定?

运输时，运输车辆应配备相应品种和数量的消防器材及泄漏应急处理设备。夏季最好早晚运输。运输时所用的槽（罐）车应有接地链，槽内可设孔隔板以减少震荡产生静电。严禁与氧化剂、酸类、碱类、食用化学品等混装混运。运输途中应防曝晒、雨淋，防高温。中途停留时应远离火种、热源、高温区。装运该物品的车辆排气管必须配备阻火装置，有机溶剂禁止使用易产生火花的机械设备和工具装卸。公路运输时，要按规定路线行驶，切勿在居民区和人口稠密区停留。铁路运输时，要禁止溜放。严禁用木船、水泥船散装运输。

90. 美国有关废有机溶剂的管理有哪些规定?

US-EPA 于 1965 年首次颁布了固体废弃物处置法，并在 1976 年作了修订：重新颁布了资源保护与回收法（RCRA），并于 1984 年制定了危险废物暨固体废弃物管理法规，随后在 1992 年颁布了联邦实施依从法，1996 年制定了土地处置规划可行法。RCRA 作为 1965 年对固体废弃物处执法的修订法规，主要对三类废物管理者有约束力：产生者、运输者和处理、贮存及处置设施（TS-DFs），同时制定了 TSDFs 安全操作技术标准。对于危险废物的管理指令，当环保法规定以后，有关危险废物管理法规就被编入联邦法典。联邦法典（CFR）分为 50 册，每册专门涵盖一个特定的领域。几乎所有和环保有关的法规都编入第 40 册（又成 40CFR）。美国环境保护部在联邦法条文中规定了甲醛、苯、二氯乙烷的标准，同时也规定了危险废物的允许暴露水平（29CFR）；但并未单独对废有机溶剂制定相应的法律条款，而是通过一系列相关法规对其进行规定，如资源保护回收法"危险废物条例"、"清洁水法"、"清洁空气法"，"有毒物质控制法案"等。美国有关危险废物的管理联邦法规见表4-2。

表4-2　美国危险废物法规代码及其名称

代码	名称	内容
260	Hazardous waste management system: General	危险废物管理一般规定
261	Identification and listing of hazardous waste	危险废物鉴别及名录
262	Standards applicable to generators of hazardous waste	危险废物产生者
263	Standards applicable to transporters of hazardous waste	危险废物运输者
264	Standards for owners and operators of hazardous waste treatment, storage, and disposal facilities	危险废物处理、贮存、处置设施的所有者与经营者
265	Interim status standards for owners and operators of hazardous waste treatment, storage, and disposal facilities	危险废物处理、贮存、处置设施的所有者与运营者(临时状态)
266	Standards for the management of specific hazardous waste and specific types of hazardous waste management facilities	特殊危险废物管理设施标准
267	[Reserved]	保留
268	Land disposal restrictions	土地处置标准
270	EPA administered permit programs: The Hazardous Waste Permit Program	危险废物许可证
271	Requirements for authorization of State hazardous waste programs	各州危险废物授权的条件
272	Approved State hazardous waste management programs	各州危险废物授权的批准程序
273	Standards for universal waste management	一般危险废物管理标准

USEPA将固体废物列入危险废物名录的，必须满足以下条件之一：

（1）通过危险废物特性鉴别表现某种或多种特性的固体废物。

（2）在缺乏对人类 TC 的研究数据时对人类的低剂量致死。研究表明口服 LD_{50} 毒性（白鼠）的剂量不超过 50mg/kg，吸入 LC_{50} 毒性（白鼠）的剂量不超过 2mg/kg，或皮肤 LD_{50} 毒性（兔子）的剂量不超过 200mg/kg，或由于其他原因引起或严重导致增加死亡率或不可弥补的疾病（以这种方式鉴别的危险废物为急性危险废物）。

（3）含有 USEPA 所列出的任何危险组分（CFR 40 Part 261 Ⅷ，共计 480 种急性危害和有毒物质），之所以列出这些有毒物质，主要是从以下 3 个因素考虑：其一，已确定这些物质的物理化学、毒性数据，如剧毒、有毒，即吸入或经皮等低剂量致死，或致癌性、致畸性、致突变性等；其二，一旦释放到环境中，会长期积累在底泥或是生物群中，可降解性差；其三，废物的不恰当处置中释放频率较高，并且易超出环境基准，如超出二级水污染控制水平，对人类或生态环境有害。

（4）管理机构有理由相信一些废物，典型和频繁表现出危险性。

（5）不符合管理机构通过特殊规定的列出标准建立的废物排出限制。

废有机溶剂列在 F 类（28 种）中：来自某些一般工业或制造业工艺过程中所产生的废物，属于非特定来源 HW。F 类废物通常含有某些在工业过程中所要使用的化学物质，一般称作制造过程中的废物。根据这些工业或制造业工艺过程中的产生方式，F 类名录划分为 7 个大类，其中包括废弃溶剂（F001 ~ F005）。

91. 欧盟有关废有机溶剂的管理有哪些规定？

欧盟作为一个区域性国际组织，它的基本目标是推进区域经济的一体化。但是由于经济与环境有着不可分割的联系，所以，欧盟在致力于推进区域经济一体化的同时，还采取各种措施协调各成员国的环境政策与法律。在欧盟不断充实的环境政策和法律中，废物管理特别是危险废物管理是一个备受关注和重视的领域。

欧盟的法律包括不同的形式：法规（Regulations），直接适用于各成员国，且无须成员国为实施该法律而发展国内立法；指令（Directivers），就其设定的目标和时限而言，对所有的成员国具有法律约束力，但实际目标的具体方式和方法由各个成员国自由选择。在废物管理方面，欧盟的法律主要包括四种类型：（1）框架性法律，如指令75/442/EEC、91/689/EEC等关于有害废物的指令；（2）针对特定类型的废物管理法规，目前主要涉及废油、二氧化钛行业废物等；（3）针对废物管理作业制定的法规，目前主要涉及废物填埋、废物焚烧等；（4）主要涉及废物管理法律实施过程中的统计、报告等事宜。

欧盟有关废物、危险废物的管理法律见表4-3。

表4-3　欧盟废物管理规定

类型	编号	名称
框架法	67/548/EEC	关于危险物质分类、包装和标签的指令
	75/442/EEC	关于废物的指令
	91/156/EC	关于75/442/EEC的修正案
	91/689/EEC	关于有害废物的指令
	94/31/EC	关于危险废物的指令
	2000/532/EC	关于废物列表的决定
	2001/118/EC	关于2000/532/EC的修正案
	（EEC）No259/93	关于废物在欧共体内运输及进出欧共体的监控的法律
	93/98/EEC（EC）	关于缔结《巴塞尔公约》的决定
	No 1547/1999	关于废物运输控制程序的法规
	94/904/EC	关于危险废物定义及其名录制定程序的指令
	2001/119/EC	关于废物名录和危险废物名录的指令
	76/769/EEC	关于危险物质（致癌性、致畸性和致突变物质）名录指令

续表 4-3

类 型	编 号	名 称
特定废物	75/439/EEC	关于废油处置的指令
	78/176/EEC	关于二氧化钛行业废物的指令
	91/692/EEC	关于污泥农用的指令
	91/157/EEC	关于含危险废物的电池和蓄电池的指令
	94/62/EC	关于包装盒包装废物的指令
	96/59/EC	关于 PCBs 和 PCTs 处置的指令
	2000/53/EC	关于废气车辆的指令
	2002/95/EC	关于在电子和电器设备中限制使用某些物质的指令
	2002/96/EC	关于废弃电子和电子设备的指令
废物处理	99/31/EC	关于废物填埋的指令
	2000/76/EC	关于废物填埋的指令
	2000/59/EC	关于接受船舶产生的废物和货物残余物的港口设备指令

欧盟危险废物名录（hazardous waste list）起草于《指令 94/904/EC》，危险废物名录包括管理部门明确指定的危险废物以及由于表现出一种或多种危险废物特性（依据《指令 91/689/EEC》）的废物，并且还在该指令中定义了危险特性鉴别含量（H3 ~ H8：易燃性、有毒性、有害性、腐蚀性、刺激性和致癌性等特性）。随后在指令 22/07/94 中列出的危险废物名录共计 91种。其中第一类 40 种是根据危险废物产生过程而划分的一般危险废物（根据污染源）；第二类 51 种是根据危害特性、危害成分而命名的有毒有害废物。其中常见的废有机溶剂存在易燃性、有毒、致癌性、致畸性等特点，因此被列入危险废物名录中，按照危险废物来管理。

92. 日本有关废有机溶剂的管理有哪些规定？

日本的废弃物管理起步相对比较早，于 1971 年制定了首都

《废弃物处理法》，在此后的 25 年间，对废物的处理和控制日渐严格；1991 年，《再生资源利用促进法》颁布；1992 年又对《废弃物处理法》进行了修订，对需要特别管理的废弃物的制定等逐日强化。从对外合作方面来看，1993 年日本签署了《关于有害废弃物跨国界输送及其处置控制方面的巴塞尔条约》，同时实施了《控制特定有害废弃物出入境法》。

作为综合的和系统的废物回收利用的框架基础，日本环境厅制定了建立循环型社会基本法。该法的基本原则是确立了废物循环利用的优先程序：减少产生—再生利用—再循环—热量回收—最终处置。该法明确了中央政府、地方政府、企业和公众各自的职责。为了解决各种有关废物管理的问题，在 2000 年修订了废物管理和公共清洁法，修改的主要内容有提高工业废物非法倾倒等不适当处置的责任、工业废物处理设施如最终处置场严重不足的解决办法等。1999 年 9 月，政府制定了废物减量目标，2010 年前参照 1996 年的水平，废物产生总量将减少一半。为了实施上述目标，环境厅制定了相应的措施。

日本涂料、印刷油墨、工业用清洗剂行业使用有机溶剂最多，在烃类有机溶剂中，以甲苯与二甲苯使用量最大；而在卤代烃类中，以二氯甲烷和三氯乙烯的使用量最大。日本没有制定废有机溶剂整体的标准和规范，但分别对毒性大、产生量高的废有机溶剂种类制定了相关法规，如《二氯乙烷的大气污染环境标准》-環管總 182 号、《三氯乙烯及四氯乙烯的大气污染防止对策》-環大企 193 号、《苯、三氯乙烯及四氯乙烯的大气污染环境标准》-環境厅告示 4 号和環大企 37 号、《三氯乙烯、四氯乙烯及四氯化碳的容器包装、运输等环境污染防止措施》-厚生省通商产业省告示 5 号。

93. 中国台湾地区有关废有机溶剂的管理有哪些规定？

中国台湾地区自 1974 年首次颁布《废弃物情理法》起，已经陆续颁布和修订了《废弃物清扫法》、《废润滑油清除处理办法》及《废家电再利用法律》等多项法律法规政策。台湾地区固体废物处理分为一般废物、一般事业废弃和有害事业废弃三类。在《废弃物情理法》定义了有害事业废物，并于 2002 年 1 月修订颁布了《有害事业废弃物认定标准》，对于所管辖区内的危险废物识别提供了依据。

中国台湾地区规定了二氯甲烷和苯酚的允许暴露浓度分别为 $50 mg/m^3$ 和 $5 mg/m^3$。地区环境保护部门于 2005 年 12 月 16 日发文，依据空气污染控制法第二十条第二项、第二十二条、第二十三条以及第四十四条第三项规定制订了《汽车制造业表面涂装作业空气污染物排放标准》。该标准规定了汽车制造程序使用的挥发性有机物质应记录其购置、贮存、使用及处理等资料，每月做成报告书，向主管机关申报挥发性有机物的排放量。该标准还规定了干燥室 VOCs 去除率应达到 90%，管道排放标准为 $60 mg/m^3$（标态，没经氧校正）以及汽车涂装程序相关作业的 VOCs 排放标准为 $110 g/m^2$。

94. 中国香港特区有关废有机溶剂的管理有哪些规定？

香港地区每年产生的废有机溶剂大部分来自废工业有机溶剂，每年大约产生 38361 吨的废有机溶剂。在香港地区，废有机溶剂属于化学废物范畴，规定必须由经许可的收集者和经许可证明的工厂来处理。据统计，每年只有 1256 吨有机溶剂回收，回收率为 3.3%。而余下的或者是丢弃到环境中去，包括蒸发、渗漏、溢出和非法倾倒，或者是不经许可的企业非法回收。其中，在干洗店等相关行业已经有成功的回收案例，并且在空气污染控制指令下建立了空气污染控制法则（干洗行业）。近年来，为了进一步减小废有机溶剂的非法排放以及随意丢弃对环境和人们健康的不利影响，香港特区政府出台了一些相关政策，具体包括：（1）尽可能禁止或减少有机溶剂的使用，要对废有机溶剂回收利用；（2）使用封闭的系统取代开放的系统来减少废有机溶剂的挥发；（3）雇佣专业的操作者来维护设备以减少有机溶剂的渗漏、溢出等；（4）环保部提高随机检查的力度、加强群众检举的措施来控制有机溶剂的非法排放。

95. 我国有关废有机溶剂的管理有哪些规定？

我国危险废物管理法规框架体系是自 20 世纪 90 年代逐步形成的，主要包括危险废物的专项及有关的法规，部门规章、地方法规、环境标准和技术导则及其规范性文件和司法解释。近年来，虽然在固体废物管理方面制定了《中华人民共和国固体废物污染防治法》，开展了危险废物的申报登记，颁布了《国家危险废物名录》和转移联单制，制定了危险废物处置的"十五"规划，但加强固体废物的环境管理迫在眉睫。中国现行法律法规和国家规定见表4-4。

表 4-4　中国固体废物管理法律法规

分　类	名　　称
法　律	中华人民共和国环境保护法
	中华人民共和国固体废物污染环境防治法
	中华人民共和国传染病防治法
	中华人民共和国放射性污染防治法
	医疗废物管理条例
	危险化学品管理条例
	关于贯彻执行医疗废物管理条例的通知
	关于实行危险废物处置收费制度促进危险废物处置产业化的通知
标准、规范	危险废物焚烧污染控制标准
	危险废物填埋污染控制标准
	危险废物贮存污染控制标准
	危险废物污染防治技术政策
	废电池污染防治技术政策
	医疗废物集中处置技术政策

分　类	名　　称
标准、规范	危险废物集中焚烧处置工程建设技术要求
	医疗废物集中焚烧处置工程建设技术要求
	医疗废物转运车技术要求
	医疗废物焚烧炉技术要求
	医疗废物专用包装物、容器标准和警示标识规定
规　划	全国危险废物和医疗废物处置设施建设规划

96. 我国废有机溶剂管理处理涉及哪些政府主管部门？

由于废有机溶剂是危险废物，危险废物目前由我国环境保护部污染防治司进行综合管理。各省市环保部门由主管固体废弃物的部门进行直接管理。

97. 我国废有机溶剂应由哪些单位进行处理处置？

我国规定，废有机溶剂作为危险废物，应由持有危险废物综合经营许可证的单位进行收集处置。

98. 我国对废有机溶剂处理有哪些规定和要求？

废有机溶剂作为危险废物，在处理过程中应按照危险废物处理设施的要求进行规定与管理，需按照《危险废物填埋污染控制标准》（GB 18598—2001）或《危险废物焚烧污染控制标准》（GB 18484—2011）要求，进行安全填埋或焚烧处理。

99. 废有机溶剂处理资质企业应满足哪些要求？

目前我国废有机溶剂作为危险废物进行管理处置，因此产生废有机溶剂的企业，应全部交由持有国家颁发的危险废物处理资质的单位进行回收及处置。

100. 我国有多少家企业有资质处理废有机溶剂？

截至 2013 年，我国共有危险废物处置企业 166 家，其中江苏省有 52 家，居全国首位。但是，还有部分省份如内蒙古、宁夏、广西、青海、西藏等经济欠发达省市地区，没有危险废物处置单位进行危险废物处置。

101. 公众如何参与废有机溶剂的环境管理？

废有机溶剂由于大量产生于工业生产中，公民生活中使用到的有机溶剂、产生的废有机溶剂种类及数量有限，因此较少有公众参与废有机溶剂的环境管理。但是随着公民环保意识的加强，对于实际生产接触到废有机溶剂的人员，应加强废有机溶剂的环境安全教育。

II 废矿物油篇

FEIKUANGWUYOU PIAN

第五章 矿物油的相关基本知识

102. 原油由哪些成分组成？

天然石油是一种流体或半流体的黏稠物，外观为褐色或深褐色，主要成分为碳氢化合物。由于构成石油的各种组分具有不同的沸点，因此炼油厂可以用物理分离的方法将其分馏成汽油、煤油、柴油及润滑油基础油等品种。按化学组分的不同，原油可分为石蜡基（烷烃＞70%）、环烷基（环烷烃＞60%）、中间基（烷烃、环烷烃芳烃含量接近）和沥青基（沥青质＞60%）4种类型。此外，石油中的碳氢化合物主要由烷烃、环烷烃、芳烃、烯烃，含硫、氮、氧化合物及大分子胶质、沥青质等成分组成。

103. 工业用油液的分类及用途包括哪些？

根据石油产品的特征和用途，工业油液可分为六大类：燃料油、溶剂油、润滑油（脂）、蜡、沥青、石油焦等。在对污染油液进行再生净化时，通常将工业油液分为燃料油、溶剂油和润滑油等三大类。在工业油液中，90%以上的都是燃料油。燃料油与固体燃料相比，具有热值高、灰分少、环境污染小及储存使用方便等优点。溶剂油是对某些物质起溶解、稀释、洗涤和抽提作用的轻质石油产品，大部分溶剂油的馏分很轻，蒸发性很强，且易于燃烧。溶剂油在工业油液中所占比例小，用量少。润滑油虽然在工业油液中所占比例不大，但其种类繁多，使用范围广泛，因此润滑油是污染油液再生净化领域研究的重点。

104. 工业用油的类型及用途有哪些？

按照用途进行分类，工业用油主要包括液压油、齿轮油、汽轮机油、压缩机油、冷冻机油、变压器油、真空泵油、轴承油、金属加工油（液）、防锈油脂、汽缸油、热处理油和导热油等。此外，还包括以润滑油为基础油，添加稠化剂的润滑脂。

105. 常用工业用油的质量要求有哪些？

分别以液压油、变压器油、汽轮机油为例。

液压油的质量要求包括：（1）适合的黏度及良好的黏温性，以保证其在工作温度发生变化条件下能准确、灵敏地传递动力，并使液压元件得到正常润滑；（2）具有良好的防锈性和抗氧化安定性，在高温条件下不易氧化变质，使用寿命长；（3）良好的抗泡沫性，即在机械不断搅拌的工作条件下，产生的泡沫易于消失，保证动力传递稳定，避免油品的加速氧化；（4）良好的抗乳化性，即能与混入油品中的水分迅速分离，避免形成乳化液锈蚀液压系统金属材质以及降低使用效果；（5）良好的极压抗磨性，以保证液压油泵、液压马达、控制阀和油缸中的摩擦在高压、高速苛刻条件下得到正常润滑，减少磨损。

变压器油的性能要求包括：（1）油品密度尽可能小，以便油品中水分和杂质沉淀；（2）黏度适中，太大会影响对流散热，太小则会降低闪点；（3）闪点尽可能高，一般不应低于136℃；（4）较低的凝固点；（5）酸、碱、硫、灰分等杂质含量越低，避免其对绝缘、导线、油箱等材料的腐蚀；（6）良好的氧化安定性，油品的抗老化能力较好。

汽轮机油的性能要求包括：（1）良好的氧化安定性；（2）适宜的黏度和良好的黏温性；（3）良好的抗乳化性；（4）良好的防锈防腐性；（5）良好的抗泡沫性和空气释放性。

106. 润滑油如何分类及定义？

根据基础油来源的不同，润滑油可分为：矿物润滑油、合成润滑油和可生物降解润滑油3种类型。矿物润滑油的基础油由原油提炼而成，其主要生产过程包括：常减压蒸馏、溶剂脱沥青、溶剂精制、溶剂脱蜡、白土或加氢补充精制等。合成润滑油的基础油是通过化学反应将小分子的物质合成大分子的物质，以获得特定的性能，常见的合成基础油有聚 α-烯烃（PAO）、合成酯、聚醚、硅油、含氟油磷酸酯等。合成润滑油与矿物油相比，具有热氧化性好、热分解温度高和耐低温性能高等优点，但是其生产成本较高。可生物降解润滑油可以被生物迅速降解而降低环境污染，其毒性低，润滑性能和极压性能比矿物油好，但其比矿物油价格高，且在低温下容易结蜡，氧化稳定性也较差。

107. 润滑油主要用于哪些场合？

根据《润滑剂及有关产品（L）类的分类（GB/T 7631.1）》规定，润滑油的使用场合包括：全损耗系统、脱模、齿轮、压缩机、内燃机、导轨、液压系统、金属加工、电器绝缘、风动工具、热传导、暂时保护防腐蚀、汽轮机、热处理、蒸汽汽缸等。

108. 常用润滑油的作用及类别有哪些？

常用润滑油的主要作用是减轻机械设备在运转过程中的相互摩擦。由于机械设备种类多，运行条件千差万别，国际上以润滑油在40℃、50℃和100℃时的运动黏度为基础进行分类。其中，发动机润滑油、机械润滑油、压缩机油、汽轮机油、冷冻机油、汽缸油、齿轮油、液压油等都是常用的润滑油。然而，变压器油、开关油、电容器油、电缆油等电力用油主要起绝缘、隔热和灭弧等作用，没有润滑作用，但因其原料和生产工艺与润滑油相似，通常也归属到润滑油中。

109. 我国润滑油的消费量及市场需求情况如何？

2001～2014年，我国润滑油消费量年均增长约5.1%（参见表5-1），显著高于全球同期润滑油消费量年均增长率（1.2%）。同时，我国润滑油市场占世界润滑油市场的比重逐年提高，目前我国润滑油消费量位居世界第二，2015年后，我国润滑油消费量将

稳居世界第一。其中，汽车行业的快速发展成为我国润滑油消费
持续增长的主要驱动力。

表 5-1　2001~2014 年中国润滑油消费量

年度	2001	2002	2003	2004	2005	2006	2007	2008	2009	2010	2011	2012	2013	2014
世界消费总量/万吨	3560	3570	3540	3610	3650	3670	3930	3850	3270	3600	3768	3859	3966	4061
中国消费总量/万吨	398	398	420	464	493	509	539	562	600	660	680	673	542	760
中国所占比例/%	11.1	11.1	11.8	12.8	13.5	14.8	15.0	15.3	18.3	18.3	18.0	17.4	13.7	18.7

110. 我国各类润滑油的消费比重如何？

从近年来润滑油需求结构来看，工业用油占 45% 左右，车用
油比例为 55% 左右。从趋势上看，由于我国汽车行业发展较快，
车用油的比例呈现明显的上升趋势。在工业用油方面，随着产业
升级加速，对于机械设备改造、升级和更新速度加快，对油品提
出了全新的要求。

111. 我国润滑油的发展趋势如何？

从当前国内外润滑油行业现状来看，欧美发达国家已基本进
入全合成润滑油时代，而中国的润滑油基础油生产工艺中，"老
三套"仍占有 70%（"老三套"工艺包括：（1）溶剂精制以除去
润滑油馏分中非理想组分；（2）溶剂脱蜡以除去高凝点组分；
（3）白土补充精制）。由"老三套"工艺生产出来的基础油难以
符合低能耗、低污染、低排放的低碳需求。目前，国内采用加氢
工艺生产国标基础油的厂家屈指可数。因此，提倡节能、环保、
经济将是润滑油行业的主旋律。目前，国内润滑油行业呈现出以下
几个方面的发展趋势：（1）改进生产工艺，提高基础油的品质；

（2）普及合成润滑油的应用，满足车用润滑油节能环保要求；

（3）开发润滑油的可生物利用技术。

112. 基础油的定义及组成？

基础油的定义可概括为：生产润滑油或其他产品的精制产品，可以单独使用，也可以与其他油品或添加剂掺和使用。由于它占油品的主要成分并对油品的主要性能起主导作用，习惯称之为基础油。基础油在早期仅指由石蜡基原油经分馏、酸洗和低温蜡沉析所得的馏分油，但是随着油品需求的增加以及加工工艺的发展，也可以从非石蜡基原油中生产出适用于润滑油的基础油。同时，随着加氢工艺技术的发展与应用，基础油资源扩大，基础油分类得到扩充，若加上合成基础油和环保基础油，润滑油所需的基础油种类繁多。

113. 基础油的生产包括哪些工艺？

基础油生产工艺包括物理处理工艺、物理-化学联合工艺、化学处理工艺三种。物理处理工艺为传统工艺，主要利用溶解、萃取、吸附等物理原理，采用溶剂精制、溶剂脱蜡、白土补充精制等方法生产基础油。物理处理工艺只能去除50%～80%的不饱和芳香烃、沥青和石蜡等非理想杂质。化学工艺以加氢工艺为主，采用高温、高压、催化条件下的加氢反应、分子重排等化学方法，改变油品中非理想成分的化学结构，彻底去除杂质。若将物理工艺和加氢工艺联合，也可使基础油性能大大改善。常用的联合工艺包括：（1）溶剂精制＋加氢裂化＋溶剂脱蜡；（2）加氢裂化＋溶剂脱蜡＋高压加氢补充精制；（3）溶剂精制＋溶剂脱蜡＋中低压加氢补充精制。

114. 基础油的分类及特点有哪些？

长期以来，基础油分类的主要依据为黏度指数（VI），习惯上把基础油的黏度指数分为超高黏度指数（UHVI＞140）、很高黏度指数（VHVI＞120）、高黏度指数（HVI＞80）、中黏度指数（MVI 为 40～80）和低黏度指数（LVI＜40）五大类。美国石油协会（API）根据基础油的特性及润滑油品发展的需要，将基础油种类分为 5 类。Ⅰ类基础油为传统溶剂精炼矿物基础油，通常由传统"老三套"工艺生产制得。Ⅰ类基础油中芳烃含量高于10%，硫含量高于 0.3%，蒸发损失为 18%～35%，具有一定的氧化安定性。这类基础油目前大量用于调制各类润滑油。Ⅱ类基础油为加氢裂解矿物油，通过溶剂精制和加氢组合工艺制得。Ⅱ类基础油芳烃含量低于 10%，饱和烃含量可达 90%～95%，热安定性和抗氧化性好。Ⅲ类基础油是高度加氢裂解或加氢异构化基础油，有的称为半合成油。Ⅲ类基础油在性能上远远超过Ⅰ类和Ⅱ类基础油，具有很高的黏度和很低的挥发性。Ⅳ类基础油为聚 α-烯烃（PAO）基础油，通常由石蜡分解法和乙烯聚合法生产获得。Ⅳ类基础油对热稳定，具有较好的抗氧化反应和抗黏度变化能力。同时，PAO 与矿物油相比，不含 S、P 和金属，倾点极低（通常在 −40℃以下），黏度指数超过 140。但是，PAO 边界润滑性差，对极性添加剂的溶解能力差。Ⅴ类基础油为除 PAO 以外的其他合成基础油，一般指酯类合成油。酯类的极性可以使油膜分子黏附在金属表面，因此Ⅴ类基础油的润滑性能最好。

115. 矿物基础油的定义、组成及特点？

矿物基础油是指由石油或煤提炼，经减压蒸馏、溶剂精制、脱蜡白土精制以及加氢工艺制成，获得不同黏度指数、氧化稳定性、倾点、挥发性指标的基础油。矿物基础油主要由烃类和非烃类化合物组成，烃类包括烷烃、环烷烃、芳烃、环烷芳烃，非烃类包括含氧、含氮、含硫有机化合物和胶质、沥青质等，非烃类中几乎没有烯烃。因此，矿物基础油的组成以烃类为主，烃类结构对基础油的黏度指数、低温性能和氧化安定性等有显著影响。矿物基础油各类组成中又有非极性和极性成分之分，非极性成分指饱和烃，包括链烷烃和环烷烃；而极性分子指芳烃和硫、氮等极性化合物，胶质沥青质等（直接影响基础油的性能）。矿物来源基础油的加工过程就是进行脱沥青、精制、脱蜡、加氢等一系列物理化学过程，从根本上就是调整烃类和非烃类、极性和非极性成分在基础油中的存在比例。

116. 矿物基础油组成与油品性能的关系有哪些？

矿物基础油的性能指标包括黏度指数、氧化性、低温性质、蒸发损失性、分散性等等，与基础油的组成直接相关。

基础油的黏度指数与馏分的馏程和化学组成有直接关系。黏度随馏分馏程升高而增加。在馏程范围相同的馏分，黏度随馏分中烃类组成而发生变化。基础油中烃类的碳原子一般在 $C_{20} \sim C_{40}$，其中烷烃黏度最低，芳香烃稍大，环烷烃黏度最高。因此，环烷烃是润滑油黏度的"载体"，环状烃带侧链时黏度随侧链碳原子数增加而增高。各种烃组分对基础油的作用不同，饱和链烷烃和单环环烷烃黏度指数高，是理想的基础油组分，多环烷烃和芳烃的黏度指数则较低。

氧化性质是基础油最重要的性质，与润滑油产品的配方和使用性能密切相关。润滑油中的烃类，烯烃最容易被氧化，但润滑油中烯烃含量极少，因此润滑油中的氧化安定性起关键作用的是烷烃、环烷烃和芳香烃。其中，烷烃属饱和烃，比较稳定，但是较高温度下易氧化生成低分子醇、醛酮酸（羧酸）、羟基酸等氧化物，深度氧化后则生成胶状沉淀物。环烷烃环数愈多，则易被氧化且生成的氧化产物也愈多。因此，带有烷基长侧链的少环环烷烃（1～2 个环），具有优良的氧化安定性，同时也具备较高的黏度指数，是润滑油的理想组分之一。芳香烃的存在，可起到防止烷烃和环烷烃继续氧化的抗氧化作用。

基础油的低温性能主要表现在低温黏度和倾点（或凝点）。往往同一黏度等级的基础油其低温黏度相差很大。在结构上，一般烷烃的碳原子数增加，分子间色散力增加，凝点升高；相同碳原子数烷烃，支链越多，支链的阻碍越大，分子间距离越大，分子间色散力越弱，凝点也降低。带侧链的环状烷烃和芳烃，凝点均低于分子量相同的正构烷烃。环状烃中，侧链愈多，分支程度愈大，凝点下降愈快。同时，侧链位置不同，对凝点也有一定影响。

蒸发损失是基础油重要的性能指标之一，基础油的馏分分布决定着基础油的蒸发损失，由基础油加工过程的减压蒸馏所决定。

分散性能决定了基础油的使用寿命，并直接影响其使用过程中的其他性能指标。比如汽油机油的油泥形成于发动机中，主要由燃料燃烧产物和油组成，还含有少量水和油不溶物。在基础油各个组分中，含氮化合物、碱性氮、胶质等物质对油泥的生产影响最大。另外，基础油烃族组分对油泥的生产也存在明显影响，饱和烃和链烷烃含量高，则具有较好的抗油泥生成能力，其氧化产物不容易形成较大的聚合物分子，或不相互聚集成较大颗粒物，其分散性能相对较好。多环芳烃由于更容易氧化、聚合，而且对于润滑油初级氧化产物进一步氧化具有催化作用，并促使聚合成较大颗粒物，从而易于生成更多油泥。

117. 合成基础油的定义、组成及特点是什么?

相比传统矿物基础油，合成基础油具有良好的耐高温和耐低温能力、优异的黏温性能、低腐蚀性能和良好的挥发性能等。合成基础油包括 API 分类的 Ⅳ 类和 Ⅴ 类基础油，不足之处是来源少，成本高。常见的合成基础油有聚 α-烯烃（PAO）、酯类油、聚醚、磷酸酯、硅油、氟油。聚 α-烯烃（PAO）具有黏温性能优异、低温性能好、氧化安定性和热氧化稳定性好等优点，缺点主要表现为抗磨性相对较差，对某些添加剂溶解性差，会使接触的某些橡胶轻微收缩和变硬。

118. 可生物降解基础油的定义、组成及特点是什么?

基础油是润滑油生态效应的决定因素，所有可生物降解基础油都要满足以下 5 个方面标准的要求：（1）充分可生物降解性，用以弥补配方中分散剂或其他添加剂的低生物降解性；（2）良好的低温性能，如倾点 -40℃，黏度低于 7500mm^2/s 等；（3）良好的润滑性，不需加入抗磨添加剂；（4）对添加剂有良好的分散溶解性能；（5）闪点高，一般高于 260℃。

常见的可生物降解基础油包括植物油和合成酯等主要类型。

119. 添加润滑油添加剂的种类及作用有哪些？

（1）清净剂。清净剂指能使发动机部件得到清洗并保持干净的化学品。使用清净剂的主要目的，是使发动机内部保持清洁，使生成的不溶物质呈胶体悬浮状态，不致进一步形成积炭、涂膜或油泥。清净剂绝大部分由亲油基、极性基和亲水基三部分组成，主要是碱土金属的有机酸盐，如磺酸盐、烷基酚盐、烷基水杨酸盐和硫代磷酸盐。

（2）分散剂。分散剂是指能抑制油泥、涂膜和淤渣等物质的沉积，并能使这些沉积物以胶体状态悬浮于油中的化学品。分散剂在油中的功能主要是分散和增溶作用。常用的分散剂有聚丁烯的酰亚胺、聚异丁烯丁二酸酯、苄胺、无灰磷酸酯。

（3）抗氧抗腐剂。抗氧抗腐剂是指能抑制油品氧化及保护润滑油表面不受水或其他污染物化学侵蚀的化学品。抗氧抗腐剂的主要类型有二烷基二硫代磷酸锌（ZDDP）和二烷基二硫代氨基甲酸盐（SDTC）。

（4）极压抗磨剂。极压抗磨剂是指在极压条件下防止滑动金属表面烧结、擦伤和磨损的化学品。极压抗磨剂一般含有氯、硫磷等活性元素的有机化合物，主要品种包括有机氯化物、有机硫化物、有机磷化物、有机金属盐和硼酸盐等。

（5）黏度指数改进剂。黏度指数改进剂是能改善润滑油黏温性能的化学品，主要的品种有聚异丁烯、聚甲基丙烯酸酯、乙烯-丙烯共聚物、氢化苯乙烯-双烯共聚物。

（6）油性剂（或摩擦改进剂）。油性剂是指在边界条件下能增强润滑油的润滑性，降低摩擦系数和防治磨损的化学品。油性剂的作用是通过极性基团吸附在摩擦面上，形成分子定向吸附膜，阻止金属间相互摩擦，从而减少摩擦和磨损。油性剂的品种有脂肪酸、脂肪醇、脂肪酸皂、酯类和脂肪胺类等。

（7）抗氧剂和金属减活剂。抗氧剂是能抑制油品氧化及延长其使用和储存寿命的化学品，而金属减活剂是能使金属钝化失去活性的化学品，又称金属钝化剂或抗催化剂添加剂。抗氧剂的类型有屏蔽酚型、胺型、有机硫化物、硫代磷酸盐和亚磷酸酯等。

（8）防锈剂。防锈剂是能在金属表面形成一层薄膜防治金属不受氧及水侵蚀的化学品。防锈剂主要包括磺酸盐类、羧酸及其盐类、酯类、有机磷酸及其盐类和有机胺及其杂环化合物。

（9）降凝剂。降凝剂是指能降低润滑油凝点或倾点、改善油品低温性能的化学品。常用的降凝剂有烷基萘、聚酯类和聚烯烃类等。

（10）抗泡剂。抗泡剂是能抑制或消除油品在使用过程中气泡的化学品，常用的抗泡剂分为硅型和非硅型。

（11）抗乳化剂。抗乳化剂是能使两种以上不相溶的液体（如油和水）形成稳定的乳化液分散体系的物质。抗乳化剂主要有胺与环氧化物的缩合物、环氧乙烷、丙烷嵌段聚醚、聚环氧乙烷-环氧丙烷醚。

（12）金属加工油专用添加剂。金属加工油包括热处理油、金属切削油、轧制油、防锈油等。金属加工油油品中，既包括油性产品，也包括大量水性产品，所使用的添加剂大多数与润滑油一样。但由于金属加工油具有独特的性能要求，需加入一些特殊添加剂（如催冷剂、光亮剂、杀菌防腐剂、耦合剂、防锈剂、挤压剂等）。其中，催冷剂能有效地提高淬火油的高温冷却能力，减小淬火工件的不均匀畸变，提高工件淬火表面硬度及淬硬层深度。常用的催冷剂有无规聚丙烯、三元乙丙胶共聚物、丙烷沥青等。光亮剂是一类能提高加热工件淬火后表面光洁度，避免黑色斑点在工件表面沉积的添加剂，常用的光亮剂有甲基萜烯树脂、咪唑啉油酸盐。杀菌防腐剂可以抑制细菌、霉菌等的滋生，杀灭已存在的细菌，延长切削液的使用寿命。常用的杀菌防腐剂有1，3，5-三羟乙基均三嗪、苯氧乙醇等。耦合剂可以改善乳化液的稳定性，通讨与乳化剂作用，从而扩大乳化剂的乳化范围，使水溶性的组分能均匀地混溶在油性组分中。常有的耦台剂有乙醇、异丙醇、乙二醇、二甘醇乙醚、甲基纤维素、三乙醇胺、苯乙胺等。

120. 可生物降解添加剂有哪些特点？

用于可生物降解润滑油的添加剂必须是可生物降解、低毒、无污染或至少不影响基础油的生物降解性。德国"蓝色天使"组织对可生物降解润滑油的添加剂的相关要求：（1）无致癌物、无致基因诱变、畸变物；（2）不含氯和亚硝酸盐、不含金属（除了钙）；（3）最大允许使用7%的具有潜在可生物降解的添加剂；（4）除了以上7%的添加剂，还可添加2%不可生物降解的添加剂，但必须是低毒。此外，对可完全生物降解的添加剂的使用无限制。

121. 润滑油性能评价包括哪些指标？

润滑油的通用理化性能涉及绝大部分种类的润滑油，是对其有共同要求的理化性能，以表明润滑油产品的内在质量。一般情况下，润滑油的通用理化性能指标包括：黏度、密度、凝点、闪点、酸值、总碱值、水分、水溶性酸或碱、氧化安定性、防腐蚀性、蒸发损失、灰分、机械杂质、色度、残炭、抗乳化性、抗泡沫性等。

（1）黏度。物质流动是内摩擦力的量度称为黏度，它是润滑油的主要技术指标，是各种设备选油的主要依据，绝大多数润滑油是根据其黏度来划分牌号的。通常，低速高负荷的应用场合，选用黏度较高的油品，以保证足够的油膜厚度和正常润滑；高速低负荷的应用场合，选用黏度较低的油品，以保证机械设备正常的启动和运转力矩，运行过程中升温较小。

（2）凝点或倾点。润滑油试样在规定的试验条件下冷却至停止流动的最高温度称为凝点；而试样在规定的试验条件下，被冷却的试样能流动的最低温度称为倾点。凝点和倾点都是表示油品低温流动性的指标。温度很低时，润滑油黏度变高，甚至变成无定型的玻璃状物质，失去流动性。因此，选择润滑油时，应根据环境条件和工况选用相适应的倾点。

（3）闪点。润滑油闪点的高低，取决于润滑油密度的高低，或润滑油中混入轻质组分含量的多少。轻质润滑油或轻质组分多的润滑油，其闪点就较低；反之，重质润滑油的闪点或含轻质组分少的润滑油，其闪点就较高。润滑油的闪点是其在储存、运输和使用过程中的一个安全指标，同时也是反映润滑油的挥发性指标。

（4）酸值。中和1g油品中的酸性物质需要的氢氧化钾毫克数，称为酸值，用 mgKOH/g 油表示。酸值表示润滑油品中酸性物质的总量，这些酸性物质对机械都有一定程度的腐蚀性。在用油品中，当酸值增大到一定数值时，就必须更换。

（5）水分。润滑油中的水分一般呈现三种状态：游离水、乳化水和溶解水。一般来说，游离水比较容易脱去，而乳化水和溶解水就不易脱去。润滑油中的水分会破坏润滑油膜，使润滑效果变差，加速有机酸对金属的腐蚀作用，还会使添加剂（尤其是金属盐类）发生水解反应而失效，从而产生沉淀、堵塞油路，妨碍润滑油的循环和供应。

（6）氧化安定性。润滑油的氧化安定性是反映润滑油在实际使用、储存和运输中氧化变质或老化倾向的重要特性。油品在储存和使用过程中，经常与空气接触而发生氧化，温度的升高和金属的催化会加深油品的氧化。润滑油品氧化后，油品颜色加深，黏度增高，酸性物质增多并产生沉淀。这些无疑对润滑油的使用会带来一系不良影响，如腐蚀金属、堵塞油路等。

（7）防腐蚀性。金属表面受周围介质的化学或电化学的作用而遭破坏，称为金属的腐蚀。润滑油的各类烃本身对金属是没有腐蚀作用的，引起油品对金属腐蚀的主要物质是油中的活性硫化物（如元素硫、硫醇、硫化氢和二硫化物等）和低分子有机酸类，以及基础油中一些无机酸和碱等。这些腐蚀性物质可能是基础油和添加剂生产过程中所残留的，也有可能源于油品的氧化产物或油品储运和使用过程中的污染。

（8）蒸发损失。润滑油的蒸发损失，即油品在一定条件下通过蒸发而损失的量，用质量百分比表示。蒸发损失与油品的挥发度成正比。蒸发损失越大，实际应用中的油耗就越大，故对油品在一定条件下的蒸发损失量要有所限制。

（9）灰分。灰分是中、重质油品包括润滑油的规格指标之一，油品燃烧后可燃物质所形成的残渣，即称灰分。对于燃料型石油产品，灰分愈少愈好。但润滑油的灰分则有所不同。对不加添加剂的润滑油，灰分表示基础油的精制及洁净程度，自然是愈少愈好；而对加有高灰分添加剂（如磺酸盐等）者，则灰分表示添加剂加入量的多少，需控制一定数值范围内，以保证有足够的添加剂存在。

（10）机械杂质。机械杂质和水分、灰分、残炭都是反映油品纯洁性的质量指标。一般来讲，润滑油机械杂质的质量分数都应该控制在 0.005% 以下，加添加剂后，成品油的机械杂质一般都会增多。润滑油在使用、存储、运输中，会混入灰尘、泥沙、金属碎屑、铁锈及金属氧化物等，这些杂质的存在，将加速机械设备的磨损，严重时会堵塞油路、油嘴和滤油器，破坏正常润滑。另外，金属碎屑在一定的温度下，对油品起催化作用，应该进行必要的过滤去除。

（11）抗乳化性。润滑油的抗乳化性是指防止乳化，或一时乳化但经静置，油水能迅速分离的性质。对于用于循环系统中的工业润滑油，如液压油、齿轮油、汽轮机油、油膜轴承油等，在使用中不可避免地要和冷却水或蒸汽甚至乳化液等接触，这就要求这些油品在油箱中能迅速油-水分离，从油箱底部排出混入的水分，便于油品的循环使用，并保持良好的润滑。

（12）抗泡沫特性。润滑油容易受到配方中的活性物质如清净剂、极压添加剂和腐蚀抑制剂的影响，这些添加剂大大地增加了油的起泡倾向。润滑油的泡沫稳定性随黏度和表面张力而变化，泡沫的稳定性与油的黏度成反比，同时随着温度的上升，泡沫的稳定性下降，黏度较低的油形成大而容易消失的气泡，高黏度油中产生分散的和稳定的小气泡。润滑油在实际使用中，由于受到振荡、搅动等作用，使空气进入润滑油中，以至形成气泡。

122. 润滑油性能评价指标中有哪些与环保相关的项目？

近年来，学者研究发现，某些润滑油及添加剂对人的皮肤、呼吸道、消化系统、眼睛、肝脏及肾脏等存在危害，如含有多环芳烃和苯胺的润滑油可导致皮肤癌，润滑油中的氯苯等物质会导致皮源炎症，芳香族磷酸盐和含铅等重金属化合物添加剂可导致神经系统的疾病。润滑油中与环保及健康相关的项目为：

（1）硫含量。石油元素组成中除碳、氢外，硫是第三个主要组分，虽然在含量上远低于前两者，但对石油炼制、油品质量及其应用均有危害。石油中硫及硫化物严重污染环境，是形成大气酸雨的主要成分。

（2）磷含量。润滑油中的磷大部分来自于含磷添加剂。对于发动机油，磷能使汽车尾气转换器中的三元催化剂中毒。为了适应转换器的需要，保护贵金属催化剂不致中毒，对发动机油中的磷含量进行了规定。目前，低磷化是润滑油的一种发展趋势。

（3）氯含量。有机氯化物是应用较多的极压抗磨剂，由于氯化物的毒性问题，近年来已限制其应用。其中，有机氯化物即短链氯化石蜡和多氯联苯（PCB）均具有很强的致畸性，而短链氯化石蜡主要用于金属加工油（液）中，PCB 则主要用于绝缘油、热载体和润滑油等。

（4）亚硝酸盐含量。亚硝酸盐含量指标主要针对切削油或切削液。传统的机械加工使用的切削液中，含有 2% ~5% 的亚硝酸盐，循环使用一段时间便成为废液排放，既污染环境又威胁人类健康。亚硝酸盐可引起急性中毒，与仲胺类有机物反应生成强致癌的亚硝胺化合物，还可与血液中的血红蛋白结合形成高铁血红蛋白，影响血液的氧传输能力。亚硝酸盐和醇胺容易发生反应，形成致癌的亚硝胺。

（5）重金属含量。国家标准《食用级润滑白油（GB 4583）》规定了食用级润滑白油品质，其中重金属总含量需控制在 10mg/kg 以下，砷与铅含量需控制在 1mg/kg 以下，稠环芳烃紫外线吸光度不大于 0.1cm。此外，由于润滑油再生产品中可能残存一定含量的重金属，因此需要重点关注废油再生产品去向。

123. 不同润滑油的工作温度范围是多少？

根据润滑油的使用环境，发动机润滑油的工作温度较高，现代内燃机的活塞环，第一环温度在 230～250℃以上，曲轴箱温度也常在 100℃以上；液压油的作业温度在 80～120℃之间；大型变压器中，变压器油的工作温度在 60～90℃；机床润滑油的作业温度也常在 50℃以上；齿轮油则通常在 100～160℃高温下工作，且在剧烈搅拌下与空气充分接触，氧化条件相当苛刻。

124. 不同润滑油的闪点范围是多少，易燃性如何？

随着油品温度的上升，蒸气压逐渐增加，在达到某一温度时，在油面上的空气中，油蒸气的分压达到爆炸下限，该温度就是闪点，此时的油蒸气分压在 1.9kPa 左右。闪点又分为开口闪点和闭口闪点，闭口闪点一般比开口闪点低 5～20℃。一般汽油的闭口闪点在 0℃以下，煤油为 28～60℃，柴油为 65～120℃，机械润滑油为 140～240℃，内燃机油和汽缸油的闪点在 180～320℃之间。当油品的闪点低于 60℃时，则认为该油品具有易燃特性，属于易燃性危险品。

125. 润滑油的闪点与其易燃性有何关系？

油液的闪点是在规定的条件下，加热油液所逸出的气体与空气组成的混合物与火焰接触时发生瞬间闪火的最低温度。根据检测条件的不同，油液的闪点分为开口闪点和闭口闪点。与闪点相关的物理性能指标还有燃点、自燃点等，其中使用最广泛的是闪点。油液的闪点越低，油液发生燃烧和爆炸的温度就越低，在污染油液净化过程中，就须采取相应的防爆措施。

126. 影响润滑油流动性及润滑性的因素有哪些？

润滑油最基本的功能是润滑，但也有冲洗磨屑或污染物、冷却、减震、密封等辅助功能，在某些特殊应用情况下，辅助功能也可以转变为基本功能，这些功能都和润滑油的流动性有关。润滑就是减少摩擦副之间的摩擦，这是靠润滑油在摩擦表面之间形成油膜将金属表面隔开而实现的。而摩擦表面间油膜的厚度，不仅取决于油品的性质，也取决于摩擦表面的运动情况、宏观及微观的几何形状、表面形貌、材质以及环境条件等因素。其中，以油品的性质最为重要，而这个性质主要取决于黏度，即在工作温度下油品的黏度。

127. 润滑油的抗氧抗腐性、作用及其影响因素有哪些？

几乎所有的润滑油都可能在使用过程中被氧化，氧化作用可以发生在200℃以上（高温氧化），也可以发生在几十到一百度以下（厚层氧化或薄膜氧化）。氧化作用直接导致了润滑油的老化变质，同时氧化产物会增加油品的腐蚀性。润滑油在使用中变质的主要原因是氧化，氧化产生胶质、沥青质、酸、醛、酮、醇、酯、内酯、醇酸、过氧化物、氢过氧化物，其中沥青质与醇酸的缩合产物沉淀出来，余下的则溶解在油中。氢过氧化物与酸是引起腐蚀的主要原因。因此，为了使油品有良好的抗氧抗腐蚀性，需要加入抗氧剂或抗氧抗腐剂。

发动机润滑油的工作温度很高，现代内燃机活塞环的工作温度在230℃以上，润滑油在活塞及活塞环、汽缸壁上均以薄层存在，遭受金属表面催化下的高温薄层氧化，油被迅速氧化，醛酮等中间氧化产物迅速缩合成胶质沥青质等，成为环槽中的沉积物及活塞上的漆膜。

现代内燃机的曲轴箱中温度也相当高，常在100℃以上，而且还受到从活塞与汽缸的间隙中吹进来的燃气的污染，曲轴箱油中还存在磨损下来的金属粉末，腐蚀产生环烷酸金属盐等氧化催化剂。所以，在曲轴箱中，润滑油的催化氧化还是相当剧烈的。研究结果表明，氧化产生的氢过氧化物的浓度还与轴承金属的腐蚀速度成正比。

液压油也在80~120℃下操作，变压器油在大型变压器中的工作温度也在60~90℃，许多机床润滑油也常在50℃以上的温度下工作，都有不可忽视的氧化反应存在。齿轮油在100~160℃的高温下工作，而且在激烈搅拌之下与空气充分接触，工作条件相当苛刻。

128. 影响润滑油清洁性的因素有哪些？

内燃机油在苛刻的条件下工作，特别是在活塞环区，遭受到高温薄层氧化，生成许多深度氧化缩合的氧化产物。这些氧化产物易沉积在活塞环区及活塞底部，造成活塞环槽被沉积物填满，引起油孔堵塞。这就要求内燃机油具有较好的清净性，能够将深度氧化缩合产物保存在油品中，保持活塞干净。由于芳香烃对氧化缩合产物具有较好的溶解能力，因此芳香烃含量较高的内燃机油具有较好的清净性；同时，还可以通过添加清净及分散添加剂增加发动机油的清净性。

129. 润滑油的抗乳化性能、作用及其影响因素有哪些？

汽轮机油、液压油、齿轮油等工业润滑油在使用中，不可避免的接触或混入水分，若油品的抗乳化能力不好，将与水形成乳化液，影响设备安全运行。抗乳化性是汽轮机油、液压油、轴承油、空气压缩机油、真空泵油等油品避免被水污染的重要性质，是指在一定条件下的油-水乳浊液分离所用的时间或分离程度。润滑油的抗乳化能力与是否含有表面活性物质关系极大，因为表面活性物质能大大降低油-水界面的表面张力，油-水界面的表面张力越大，油-水乳浊液愈容易分离。润滑油的精制深度及纯净程度也影响其抗乳化性，深度精制的润滑油有较好的抗乳化性。因此，在再生油品生产工艺中，采用适当工艺除去表面活性物质，同样可以获得良好的抗乳化性能。

130. 润滑油的抗泡沫性、作用及其影响因素有哪些？

内燃机油、齿轮油、汽轮机油、轴承油、液压油、蜗轮蜗杆油、真空泵油都有抗泡沫性要求，因为这些油品在使用时或是处于剧烈搅拌状态，或是处于高温循环状态，很容易与空气混合产生泡沫。产生的泡沫如果不尽快消失，严重时能造成润滑油的损失，影响润滑的正常进行，所以许多油都要求具有抗泡沫性。纯净的液体难以形成泡沫，但当液体中含有表面活性物质或高分子化合物或固体粉末时，就可能产生稳定的泡沫。润滑油中的添加剂有的是表面活性物质，有的是高分子化合物，比较容易形成泡沫，也容易得到稳定的泡沫。因此，对于有抗泡沫性要求的润滑油，就必须加入抗泡沫剂。抗泡沫剂是一种高度分散且难溶于油的表面活性剂，当气泡形成后，抗泡沫剂可吸附和聚集在泡沫表面，使局部表面张力下降，把泡沫撕裂。

131. 润滑油的防锈性及其作用有哪些？

内燃机油、齿轮油、汽轮机油、轴承油、液压油、空气压缩机油等难以避免水污染的油品，除要求具有抗乳化性外，还要求具有防锈性。一般的矿物油对金属表面吸附力很弱，容易被水置换。与水接触后，黑色金属容易生锈，锈蚀的机理是由于水中的氧与铁反应。酸性物质的存在能促进锈蚀，即使水滴还没有置换油膜，水滴中的氧也能透过油膜达到金属表面。所以，单靠基础油是不能有效防锈的，需加入防锈剂。防锈剂分子有极性基和非极性基两个部分，防锈剂中的极性基端密集地排列吸附在金属表面，而亲油基伸向油的一侧。防锈剂在油品中的浓度至少能保证形成紧密排列的单分子层，当浓度较高时，可形成二层或三层添加剂分子的覆盖膜。分子层越厚，防锈性越好。

132. 车用发动机油的组成及性质有哪些？

车用发动机油及其废油中一般都含有一定数量的有毒有害物质，比如金属、氯化物、苯系物和多环芳烃等等。市面上出售的机油，一般均由基础油和多种添加剂调和而成。研究表明，新润滑油中多含有钡、镉、铅以及锌等重金属，含量大约在 $0 \sim 10mg/kg$ 之间。也有研究表明，新润滑油中可能还含有少量铬（ $0 \sim 0.05mg/kg$ ）和致癌物质苯并芘（ $<1mg/kg$ ）等等。同时，添加剂能改善润滑油的润滑效果，并显著影响润滑油的组成。一般情况下，发动机油中约含有 $10\% \sim 30\%$ （体积分数）的添加剂，用以抑制金属腐蚀和油品的氧化，还具有清洗、分散和抗磨损等作用。添加剂中所含的有害物质包括镁、锌、铅和一些有毒有机物。此外，添加剂还提高了润滑油中硫、氯和氮的浓度。

第六章 废矿物油的产生与污染特征

133. 废矿物油的定义及分类?

从石油、煤炭、油页岩中提取和精炼,在开采、加工和使用过程中由于外在因素作用导致改变了原有的物理和化学性能,不能继续被使用的矿物油,统称为废矿物油。根据润滑剂和有关产品(L类)的分类标准(GB/T 7631.1),废油可分为四类:废内燃机油、废齿轮油、废液压油、废专用油(含废变压器油、废压缩机油、废汽轮机油、废热处理油等)。根据《国家危险废物名录》,按行业来源分类为:(1)原油和天然气开采;(2)精炼石油产品制造;(3)涂料、油墨、颜料及相关产品制造;(4)专用化学品制造;(5)船舶及浮动装置制造;(6)非特定行业。

134. 废油如何分级?

废油通常按照变质程度、被污染情况、水分含量及轻组分含量来划分等级。废油一般分为一级和二级(分级指标见表6-1),二级以下的废油称为废混杂油。一级废油变质程度低,包括因积压变质、混油事故等而不能使用的油品;二级废油则变质程度相对较高。通常,在表6-1以外的各类废油,可按蒸后损失的百分比划分等级:≤3%为一级,3%~5%为二级。

表6-1 废油分级

类别	检测项目	一 级	二 级	试验方法
废内燃机油	外观	油质均匀,色棕黄,手捻稠滑无微粒感,无明水、异物	油质均匀,色黑,手捻滑无微粒感,无刺激性异味,无明水、异物	感观测试

类别	检测项目		一 级	二 级	试验方法
废内燃机油	滤纸斑点试验（α值）		扩散环呈浅灰色，油环透明到浅黄色；$1 \leqslant \alpha$ 值 $\leqslant 1.5$	扩散环呈灰黑色，油环呈黄色至黄褐色；$2 \leqslant \alpha$ 值 $\leqslant 3.5$	GB/T 8030 滤纸斑点试验法
	比较黏度试验温度40℃		试样中钢球落下的速度慢于下限参比油，快于上限参比油；下限参比油 $\nu(100℃) = 18mm^2/s$；上限参比油 $\nu(100℃) = 8mm^2/s$	试样中钢球落下的速度快于下限参比油，慢于上限参比油；下限参比油 $\nu(100℃) = 18mm^2/s$；上限参比油 $\nu(100℃) = 8mm^2/s$	GB/T 8030 采用滚动落球比较黏度计
	闪点	开口	$\geqslant 120$	$\geqslant 80$	GB/T 3536
		闭口	> 70	> 50	GB/T 261
	蒸后损失/%		$\leqslant 3$	$\leqslant 5$	
废齿轮油	外观		油质黏稠均匀，色棕黑，手捻无微粒感，无明水、异物	油质黏稠均匀，色黑，手捻有微粒感，无明水、异物	感观测试
	比较黏度试验温度40℃		试样中钢球落下的速度慢于下限参比油，快于上限参比油；下限参比油 $\nu(100℃) = 5mm^2/s$；上限参比油 $\nu(100℃) = 25mm^2/s$	试样中钢球落下的速度快于下限参比油，慢于上限参比油；下限参比油 $\nu(100℃) = 5mm^2/s$；上限参比油 $\nu(100℃) = 25mm^2/s$	GB/T 8030 采用滚动落球比较黏度计
	蒸后损失/%		$\leqslant 3$	$\leqslant 5$	
废液压油	外观		油质均匀，色黄稍混油，手捻无微粒感，无明水、异物	油质均匀，色棕黄，混浊，手捻无微粒感，无异物	感观测试

类别	检测项目	一　级	二　级	试验方法
废液压油	比较黏度试验温度30℃	试样中钢球落下的速度慢于下限参比油，快于上限参比油；下限参比油 $\nu(100℃)$ =10mm²/s；上限参比油 $\nu(100℃)$ = 50mm²/s	试样中钢球落下的速度快于下限参比油，慢于上限参比油；下限参比油 $\nu(100℃)$ =10mm²/s；上限参比油 $\nu(100℃)$ = 50mm²/s	GB/T 8030 采用滚动落球比较黏度计
	蒸后损失/%	≤3	≤5	

注：1. 斑点试验 α 值为油环直径 D 与扩散环直径 d 的比值，即 D/d。当油环颜色明显加深呈褐色、α 值也明显增大时，说明混有较多重柴油和齿轮油，应列为废混杂油。

　　2. 蒸后损失（%）是废油经室温静置24h，除去容器底部明水以后的油为试油进行测定的。测定方法是取试油1L，充分搅动后取100g（准确至±0.01g）盛在干燥清洁的200mL烧杯中，用控温电炉缓缓加热并搅拌，控制油温缓慢升至160℃，待油面由沸腾状逐渐转为平静为止。此时，试油所减少的重量（克数）与充分搅动后量取重量的比，即为该油的蒸后损失（%）。因蒸出物中含有轻质可燃组分，测定时应注意防火安全。

135. 判断废油的标准是什么?

　　判定油品是否为废油是一个较为复杂的问题，由于使用条件的不同，各种机械设备对油品的要求不同，需要结合实际使用情况而定，表6-2为常用的废油判定准则。

表6-2　油品判定为废油的指标

判 定 项 目	指　标
机械杂质含量	超过2%以上
含水量	超过2.5%以上
酸值(以 KOH 计)/mg·g^{-1}	超过1.5%以上
黏度增大	超过规定25%时
残炭值	超过2%以上
灰　分	超过0.2%以上
含燃料油量	超过10%以上

136. 我国废矿物油的产生情况如何?

根据中国物资再生协会再生油专业委员会行业的数据显示，我国废润滑油产生量应当占实际消费量的 55% ~ 65%，由此估算 2010 年我国废润滑油的产生量约为 363 万 ~ 429 万吨。其中，产生的废润滑油适合再生为润滑油基础油的约占 60%，为 218 万 ~ 257 万吨/年；不能用于直接生产基础油（即提炼为燃料油或者直接能量再生利用）的约占 40%，为 145 万 ~ 172 万吨/年。

137. 润滑油变质的主要原因有哪些?

润滑油在使用中变质的主要原因是氧化，油品的氧化作用产生胶质、沥青质、酸、醛、醇、酯、内酯、醇酸、过氧化物、氢过氧化物等氧化缩合产物。其中，沥青质与醇酸的缩合产物沉淀出来，余下的则溶解在油中，氢过氧化物和酸又是引起润滑部件腐蚀的主要原因。

138. 油液污染物的种类及特点有哪些?

废油液中的污染物根据其物理状态可分为固态、液态和气态三种类型。固体污染物通常以颗粒状存在于系统油液中；液态污染物主要是外界侵入系统的水；气态污染物主要是空气的混入。另外，系统中存在的静电、磁场、热能以及放射线等，也是一类以能量形式存在的污染物质。

139. 油液污染的来源及控制措施有哪些?

废油液中的污染物是指油液中不希望有的并对系统有危害作用的物质，系统油液中存在各种各样的污染物，最主要的是固体颗粒物，还有水、空气及有害化学物质。润滑油液中的污染物来源可概括为系统固有、工作外界入侵及内部生成等。其中，系统内原来残留的污染物是系统及元件在加工、装配、包装、储存和运输等过程中残留的污染物，如沙粒、磨料、铁屑、焊渣、锈片和灰尘。系统运转中生产的污染物则主要有以下来源：（1）系统工作时，油液温度升高，油中溶解空气中的氧气与油分子引起油液氧化，生成有机酸及其他氧化产物；（2）油中含有微量水分使油乳化，使其润滑性能下降，同时对有的氧化起催化作用，加剧污垢集积；（3）系统工作时，运动件之间的金属与金属、金属与密封材料的磨损颗粒以及流液中冲刷下的软管塑料、过滤材料脱落的颗粒和纤维、剥落的油漆皮等。此外，系统工作过程中，从外界侵入的污染物则为通过密封和油箱的呼吸孔侵入系统的污染物以及注油和维修过程中带入的污染物等。

140. 油液中固体颗粒污染物的特性及其危害有哪些？

油液中的固体颗粒是引起机械磨损的第一因素，也是油液污染控制的主要对象，总体上与固体颗粒含量相关的特征包括细微性、沉降性、聚集性、吸附性和催化作用等。同时，油液污染是引起各种机械寿命缩短和工作故障的主要因素，其危害主要表现为：运动件表面引起功能失效和金属颗粒促使油液氧化变质。

141. 油液中空气的污染特性、危害及去除措施有哪些？

空气可使油液的容积弹性系数降低，失去刚性，从而使元件运作失灵、反应变慢及损失功率，可引起气蚀、振动和噪声，可使元件氧化及油液失去润滑性能。特别是在高温高压的环境条件下，空气极易造成液压油氧化变质，并生成有害物质腐蚀金属机件。以液压油为例，空气在液压油中存在两种状态，一是溶解在油中，二是以游离状态存在。以游离状态存在时，对系统的破坏最为严重，它可降低油液的弹性模量，引起系统工作响应迟缓；引起油液氧化而变质；引起气穴，使泵打不出油而干摩擦；引起油泵配油系统的气蚀，加速配油盘破裂等。通常，去除油液中空气的方法包括真空过滤法和气泡去除器法等等。

142. 油液中水的来源、状态、影响及危害有哪些？

油液中的水主要来自于大气中的水蒸气和保持、运输、抽注和使用过程中浸入的水分。水分在油液中呈现不同的存在形式，主要有溶解水、游离水和乳化水三种。油内含有水分，不仅会对油品本身的物理化学性能造成很大影响，而且会影响整个系统的正常工作，其影响主要表现为：生成极难破坏的乳化液；大大地加速某些氧化过程；加剧油对金属的腐蚀作用；降低油的润滑性；生成不溶的水解产物，影响系统工作；生成稳定泡沫，影响系统工作的稳定性；水分能促使微生物的污染。

143. 油液中老化产物及其对油液的污染有哪些？

油液使用一段时间后，油中会出现沥青质、胶状物质、酸性化合物、酯及类似的老化产物。采用吸附的方法可以将油中的老化产物吸附在吸附剂表面上，用过滤的方法将吸附剂连通吸附在其表面的物质从油中去除，以改善油的酸值、残炭、灰分等指标及油的外观。

144. 废油中有哪些杂质？

废油液中主要有含氧化合物、含硫化合物、卤素化合物、含氮化合物、烃类等杂质。其中，含氧化合物包括：羧酸类、羧酸酯类、醛类、酮类、醇类、酚类、过氧化类；含硫化合物包括：较多的噻吩类和氢化噻吩类，少量的硫化物、二硫化物，还有来自添加剂的硫代磷酸盐、硫化烯烃、硫磷化烯烃等；卤素化合物则主要来自绝缘油的氯烃及添加剂的氯烃；含氮化合物相对很少，多来自基础油或添加剂，胺类、吡啶类、吡咯类等；烃类则主要是饱和烃及芳烃等。

145. 废油中氯的来源有哪些？

废油中有时含有卤素有机物，主要是含氯有机化合物。由于多氯联苯之类的烃类多在容易产生电弧的高压电器设备中作为绝缘油，因此废油中的含氯有机化合物首先来自于废绝缘油。普通的烃基绝缘油在电弧放电时容易产生氢气，积累的电器设备容器内的氢气容易引起爆炸；而氯烃绝缘油在电弧放电时不产生氢气，而产生不燃不爆的氯化氢气，且在干燥的情况下甚至不产生明显腐蚀。因此，氯烃绝缘油在高压设备中获得相当广泛的应用。这些氯烃绝缘油产生的废油，往往被用户与其他废油混合在一起。此外，润滑油中也用氯化石蜡作为添加剂，这也是废油中氯的另一个主要来源。含氯废油中由于氯的存在，容易在后续焚烧处置过程中产生二噁英等污染物，日、美等国通常将含氯废油作为一类特殊废物进行单独分类管理。

146. 废油中金属元素的来源有哪些？

废油液中的金属元素主要来源于金属部件磨损，如 Fe、Al、Cu、Cr、Pb 等，也可能来自于添加剂掺入。废油液中金属元素的可能来源如表 6-3 所示。

表 6-3　废油中金属元素的可能来源分析

元　素	可能的主要来源	可能的其他来源
Si	空气过滤器	抗泡剂、防冻液添加剂、密封材料
Na	防冻液添加剂	润滑油添加剂
Cu	轴承轴瓦	润滑油添加剂
B	防冻液添加剂	润滑油添加剂
Pb	轴承轴瓦，含铅汽油	柴油中混入含铅汽油
Cr	活塞环	含铬淬火剂处理
Mo	活塞环	润滑油添加剂
Fe	汽缸壁	阀部件、齿轮、活塞环、生锈
Al	阀部件	活　塞

147. 废油中主要有哪些氯烃化合物，其环境危害如何？

废油中发现的氯烃包括多氯联苯（PCB）、多氯联三苯（PCT）、多氯苯代甲烷（PCBM）、多氯二苯呋喃（PCDF）、多氯二苯二氧杂（PCDD）、三氯苯、一氯苯、氯甲苯、三氯酚、三氯乙烷、四氯乙烷、三氯甲烷等。氯烃类化合物对人类均为有毒有害物质，其中以多氯多环芳烃最为有害，最具代表性的是 PCB。

148. 废内燃机油的组成及性质有哪些？

内燃机油工作条件比较苛刻，既受高温催化氧化作用，又受到燃烧室内燃气的污染。汽油机燃料中含铅抗爆剂的分解物，燃烧时产生的酸性物质（主要是燃烧含硫燃料产生的二氧化硫）、未燃烧完全的燃料及部分氧化物、少量的燃料、金属零件磨损产生的金属微粒、金属氧化物和水等等都能进入曲轴箱内使机油受污染而变质。同时，使用过程中内燃机油本身也受催化氧化作用，生成有机酸、沉淀物、过氧化物和氢氧化物等。所以，在废机油中聚集了各种杂质，但也只是废油中的一小部分。废内燃机油的主体仍是基础油。

149. 废工业润滑油的组成及性质有哪些？

工业润滑油一般包括机械油、汽轮机油、液压油和压缩机油。机械油一般工作在常温或稍高一点的温度下，不接触蒸汽、燃气、热空气，工作条件比较缓和，氧化变质的速度较慢，废油中主要是含有水杂质，酸值略有升高。有些机械油在较高的温度下工作，废油中氧化产物较多，含有油泥或沉淀物，酸值和皂化值都比较高，颜色显著变深。废汽轮机油的外来杂质中首要的是水。水主要是油箱的呼吸作用及温度的循环变化，自油箱空气中冷凝下来。废液压油基本上没有氧化变质，主要是含有机械杂质和水，往往也混入了其他机器漏出来的油。废压缩机油中主要的杂质是在汽缸壁和排出口管线中油受到强烈氧化而形成的炭化物以及部分渗入的冷媒介质。

150. 废电气绝缘油的组成及性质有哪些？

电器绝缘油包括变压器油、油开关油、电缆油等品种，产量90%以上是用作变压器油。变压器油不同于一般润滑油，它不起润滑作用，而是作为液体电介质充填在电器设备中，其首要作用是绝缘。但是，充填在变压器中时，电器绝缘油还兼有散热的作用，特别是在大型变压器中，因为变压器不可避免地有能力损耗，例如铜线圈的电阻将一部分电能变成热能，铁心中的涡流也把一部分电能变成热能。变压器越大，这一部分电量损耗转变成的热能也就越多，因此大型变压器的散热很重要。在大型变压器中，即使有设计很好的散热手段，变压器油的温度仍然经常在 $65 \sim 70\,℃$，有时甚至达到 $90\,℃$。虽然采取密闭或氮气保护等手段，也不能完全避免变压器油的氧化。所以，变压器油经过几年到十几年的使用后，需要进行化学再生。变压器油使用过程存在呼吸作用，即使是密闭的变压器，如果有缝隙，呼吸作用将使外界空气中的水分进入变压器油中，微量的溶解水就会使油品耐电压大大下降。当变压器油填充在油开关中时，除绝缘之外，还兼有消弧的作用，使产生的电弧迅速消失。此外，油开关中的变压器油，由于电弧的作用，会产生一些游离碳，对耐电压也有影响。

第七章 矿物油的再生利用及污染控制

151. 废油的主要去向有哪些?

目前,我国废油的去向主要包括以下途径:(1)丢弃 人们往往把少量废油倒入下水道、周边土壤,或者倒入垃圾桶中;(2)道路油化 废油常用于道路油化防尘,将废油喷洒在容易扬起尘土的道路上,使尘土和油黏结在一起,控制扬尘;(3)焚烧 将废油当做辅助燃料,或者将废油与其他废物一起在危险废物焚烧炉中进行焚烧处理;(4)生产燃料油 即废油经化学方法脱重金属、裂解再生等过程后生产燃料油,在保证环境安全的条件下作为燃料使用;(5)再生为润滑油 将废油经过适当的工艺处理后,除去变质成分及外来污染物后生产再生润滑油。

152. 废机油的不当处理方式有哪些?

废矿物油在我国按照 HW08 类危险废物进行相应的管理与处置。调研发现,目前我国废机油的不正当处置方式包括:(1)直接丢弃于环境中;(2)与城市固体废物一起收集后通过填埋或焚烧处理;(3)就地燃烧;(4)排放入污水处理系统;(5)采样"硫酸-白土工艺"进行简单再生利用,例如用作机械润滑剂或除尘剂。

153. 废油倾倒有何危险?

随意丢弃在陆地上的废油会渗透到土壤中,一部分被微生物分解,另一部分会由于雨水的冲洗进入江河湖海,污染水体。最终,进入下水道的废油也会进入水体。研究表明,进入水体的废油具有很强的污染力,一桶 200L 的废油进入水体,能污染近 3.5

平方公里的水面。由于废油在水面会形成油膜，阻止了水中溶解气体与大气的交换，水中溶解氧被生物及污染物消耗后得不到补充，导致水中的氧含量明显下降。同时，油膜覆盖在水生植物、鱼类贝类等水生动物的呼吸器官上，阻碍其呼吸，也会引起水生动植物死亡。此外，废油中还含有重金属盐添加剂以及含氯、含硫、含磷有机化合物等有毒有害物质，可能通过各种渠道危害人类。

154. 废油焚烧有何危害？

不规范的废油焚烧引起的环境问题主要来源于烟气，烟气中通常含有重金属氧化物及不完全燃烧产生的多环芳烃等。其中，重金属氧化物包括来自汽油中的铅及添加剂中的钡、钙、锌等，特别是铅对人体的健康危害最大。美国环境保护署（USEPA）研究指出，接触平均含铅浓度 $2mg/m^3$ 的空气 3 个月，对人体健康将产生明显的不良生理效应，造成明显的危害。由于燃烧废油产生的氧化铅是超微粒子，在空气中的半衰期一般为 6 ~ 12 个月，很难在短时间内完全沉降，对人体的危害则可以保持相当长的时间。

155. 废油再生用作燃料需要注意的环境问题有哪些？

美国早期的研究表明，将废润滑油经化学方法脱去重金属后，得到的脱金属再生油可以安全地作为燃料使用。其中，化学脱金属是用某些化学药剂对废润滑油进行处理，使原来在废油中处于溶解状态的重金属盐转变为不溶于油也不溶于水的沉淀物，如硫酸铅、硫酸钡、硫酸钙、磷酸铅、磷酸钡和磷酸钙等，然后经过滤从油品中除去。

将废油再生成为燃料油或者润滑油的方法，完全取决于废油的品质以及再生燃料油和再生润滑油的市场价格。首先，不是所有的废油都适合于再生润滑油。只有部分品质较好的废油事宜，但是几乎所有的废油都能生产再生燃料油。其次，废油再生润滑油的工艺比再生燃料油的工艺复杂，投资费用及加工费用高。因此，将废油再生为燃料油在经济及技术上均具有可行性。但是，综合考虑资源保护与利用以及再生燃料油可能的环境影响，将废油再生成为再生润滑油进行重复利用具有更好的环境效益。

156. 如何估算车用润滑油的消耗量？

车用润滑油的使用量可以采用两种方法进行估算。第一种方法是，政府每年通过机动车燃油税量估算当年车用汽油的消耗量，进而估算车用润滑油的消耗总量。一般情况下，汽车生产厂商建议每 5000 千米更换 1 次车用润滑油，这就意味着大约每消耗 500 升汽油将产生 4～5 升的废车用润滑油。第二种方法是，由于机动车辆消耗的车用润滑油比其他应用多，因此可以通过机动车辆的注册数来估算车用润滑油的实际消耗量。

157. 我国发生过哪些主要的废矿物油污染事件？

废矿物油属于危险废物，在我国，由于管理不当或非法处置引起的废矿物油环境污染事件层出不穷。2005 年 3 月至 9 月，重庆市由于废油不当处理造成嘉陵江主城流域发生四起重大油污染事故，使数十平方公里水面受到严重污染，直接给群众生活带来巨大风险，危害长江三峡水生动植物。2010 年 4 月 11 日，上海市青浦区某工厂将收购来的废油中不能再使用的残液先用水稀释，再抽到油罐车中，随后把油罐车里的废油残液全部倾倒在自己工厂的空地上，用水不断冲洗。废油残液通过工厂的下水道源源不断排入靠近工厂边的淀浦河内，造成了重大环境污染事故。江西省广非县马家桥村一土炼油点，对环境造成严重污染，在炼油厂附近，树木被熏得奄奄一息。炼油点排放出来的烟尘、废气几百米外依然臭不可闻。由于长期非法生产，这家炼油点附近的土地已经板结，周边农作物上裹着一层厚厚的油渍。2010 年 7 月 23 日晚上，该非法炼油小作坊发生爆炸，造成 4 人死亡，1 人重伤。2010 年 10 月 29 日，山东省日照市一非法炼油点，散发的油气熏天，其墙根就是排污口，油污通过排污口流入一条小河，河里漂着厚厚的油污，河边的纯草沾满了黑油。2011 年 1 月，四川绵阳黄土镇一非法炼油点，用废机油提炼劣质柴油，其方法是直接将收购来的废机油装进铁罐内加热蒸出水分，并打捞出残差后，生成劣质柴油出售。2011 年，山西文水县东石侯村与横沟村相邻区域聚集了 50 多家非法的废矿物油加工点，对周边的土壤、农作物和大气造成了严重的污染。同时，该区域内这两个村是文水县土炼油最集中地方，文水县其他地方也有类似的非法加工点。2011 年 11 月，北京市昌平区清查取缔了位于小汤山镇赖马庄村的"最大废机油黑市"，该黑市长期非法收集废油，并将收来的废油经过简单的翻新处理，以次充新，当做名牌机油卖出。这种油不仅不符合相关的产品标准，对使用汽车的寿命会造成不良影响，而且由于其再生工艺简单，缺乏环境保护措施，对周边的大气、土壤和水体都会产生一些不良影响，危害人体健康。2014 年 6 月 6 日，广东省茂名市一汽车维修厂将 21.96 吨废油中的废水排放到白沙河，时间持续 40 分钟。当晚至次日凌晨，位于该厂下风位置的茂名市第五中学、公馆镇第一中学共 96 名学生嗅触到污染的空气后出现头晕、头痛、呕吐等急性混合性化学毒物接触反应，被紧急送往医院治疗。2014 年 6 月 17 日，延安市志丹县金丁镇的刘老庄山沟的一采油厂，将采油过程中产生的废油排入采油井附近的土池里，使得附近空气中弥漫着原油的怪味，而且经过风吹日晒，土池里的隔膜已经支离破碎，废油逐渐污染周围的土壤，影响周边的生态环境。

158. 废油的处理技术包括哪些？

　　针对不同来源废油的再生工艺各有特点，目前国外工艺都朝着无污染、环保的方向发展，加氢精制已成为主流方向，但是其再生工艺过程、操作技术相对复杂，条件比较苛刻。目前，国内工艺还处于以硫酸-白土为主的水平，二次污染比较严重。因此，如何开发出适合我国国情的环保、经济的污染废油再生新工艺，是亟待解决的课题。另外，在污染废油回收利用方面，应加强立法与执法，杜绝污染废油被随意排放污染环境。

159. 废油的再生利用方法及其选择原则有哪些?

废油的再生方法一般有物理再生法、化学再生法及物理、化学综合再生法。至于针对某一种具体的废油，如何合理地选用再生方法，怎样针对废油的具体情况具体分析。在进行废油再生时，应当遵循能用简单方法达到目的的就不要使用复杂方法，能用物理方法的就不要用化学方法。但是，对于绝大多数润滑油来说，用单一的再生方法均难以达到要求，需根据油料性能与油的变质深度采用合适的再生方法。

160. 国际上废油再生工艺流程是如何分类的?

国际上将废油再生工艺流程分为三类：第一类为再净化，包括沉降、离心、过滤、絮凝这些处理步骤，一个或几个联用，大致相当于过去分类中的简单再生，主要目的是脱去废油中的水、一般悬浮的机械杂质和以胶体状态稳定分散的机械杂质；第二类为再精制，是在再净化的基础上增加化学精制或吸附精制等，如在脱水杂或絮凝之后，再用白土精制或硫酸白土精制，或化学脱金属、化学破乳等，生产金属加工液、非苛刻条件下使用的润滑油、脱模油、清洁的燃料油、清洁的道路油等；第三类为再炼制，是包括蒸馏在内的再生工艺流程，例如蒸馏-白土、蒸馏-酸-白土、蒸馏-加氢等，生产符合天然油基础油质量要求的再生基础油，调制各种低、中、高档油品，质量与从天然油中生产的油品相近。

161. 废油再生工艺与环境污染有何关系?

废油处理的几种方法中，目前比较普遍的有两类：一类是生产脱去金属的清洁液体燃料或道路油；一类是生产再生润滑油。这两类处理方法在环境保护上和经济上都可以满足要求。

　　再生工艺本身也需要注意环境污染问题。有些再生单元过程基本上没有环境污染，例如蒸馏、加氢。有些再生单元过程或多或少会带来些环境污染，例如絮凝的废液、碱洗水洗工艺的废碱和废水、吸附精制的废吸附剂，如果不加处理随意地排放或丢弃，也会对环境造成污染。有些再生单元如硫酸精制，则会对环境带来较大的影响，产生的酸渣如随便丢弃，将对环境造成严重污染；其产生的二氧化硫气体，对生物也有害。发展新的无污染再生工艺，以取代硫酸精制，最成功的工艺是采取高真空低温度下的薄膜蒸发，将基础油馏分蒸出来而不发生任何裂化，然后再经过白土或加氢补充精制，成为质量良好的再生基础油。现在一些规模较大的废油再生厂都采取无污染工艺。但也有不少大厂及许多中小规模的厂仍在用硫酸-白土工艺，并采取有效的三废治理方法，使环境保护上可以接受。

162. 如何通过再净化工艺生产再生润滑油？

　　再净化工艺是一种简易再生方法，以脱除水杂为主要目的，也包括脱臭、脱溶解气。一般是先将废油加热至适当温度，然后采用沉降、离心或过滤等方法进行净化预处理。再净化工艺通常作为各种再生工艺的预处理步骤。

163. 如何通过再精制工艺生产再生润滑油？

　　再精制工艺就是在废润滑油不脱水杂或脱水杂之后进行化学处理或物理化学处理，除去溶解在废油中的氧化产物或外来污染物，常见的再精制工艺有脱水杂-硫酸-白土、碱-硫酸-白土、硫酸-碱-白土、硫酸-碱-水、碱性盐-水、碱-水、碱性盐-水-白土、白土接触精制或固定床吸附精制、有机胺处理、化学脱金属。再精制工艺用来处理一些既没有混入轻质油品也没有混入必须蒸馏才能分离的杂质的废油，如废机械油、废液压油、废变压器油、废汽轮机油和废压缩机油。

164. 如何通过再炼制工艺生产再生润滑油？

废油再炼制工艺通常包括了蒸馏、精制、加氢等工艺流程，如蒸馏-硫酸-白土工艺、薄膜蒸发-加氢工艺、薄膜蒸发-白土工艺、丙烷-蒸馏-加氢工艺常压蒸馏-分子蒸馏-加氢工艺、溶剂絮凝抽提-蒸馏-加氢工艺等，都是再炼制工艺。

165. 碱洗、水洗、破乳及薄膜过滤在废油再生过程中有什么作用？

为了除去废润滑油中的有机酸、磺酸、游离酸、硫酸酯及其他酸性化合物，常采用碱洗。碱洗既可对某些润滑油品种独立进行再生，也可以与硫酸精制、水洗等联合进行。大多数废油的处理都不经过碱洗工序，只有处理变压器油、缝纫机油等轻质润滑油的废油时才经过这道工序。碱洗过程的化学反应是离子反应，因此碱洗一般都采用溶液。常用的碱液有氢氧化钠、碳酸钠等的水溶液。碱洗后，碱与低分子有机酸、环烷酸反应生成盐或皂，能转入碱水溶液中，随沉降物排出。

166. 废油吸附处理技术的原理、作用及应用？

废油的吸附处理是将油中的沥青、胶状物质、酸性化合物、酯及类似的产物吸附在吸附剂表面，用过滤的方式将吸附剂连同吸附在其表面的物质从油中去除以改善油的酸值、残炭、灰分等指标及油的颜色。吸附法可以作为离子交换、膜分离等方法的预处理，以去除有机物、胶体等；也可作为二级处理后的深度处理手段，以保证回用油的质量。

溶质从油中移向固体颗粒表面发生吸附，是油，溶质和固体颗粒三者相互作用的结果，引起吸附的主要原因在于溶质的疏油特征和溶质对固体的高度亲和力。溶质的溶解程度是确定第一种原因的重要因素。溶质的溶解度越大，则向固体颗粒表面运动的可能性越小；反之，溶质的憎油性越大，向吸附界面移动的可能性越大。吸附作用的第二种原因为溶质和吸附剂之间的静电引力、范德华力或化学键力所引起。与此相对应，吸附可分为三种类型：交换吸附、物理吸附和化学吸附。交换吸附指溶质的离子由于静电引力作用聚集在吸附剂表面的带电点上，并置换出原先固定在带电点上的其他离子；物理吸附指溶质与吸附剂之间由于分子间力（范德华力）而引起的吸附；化学吸附指溶质与吸附剂发生化学反应，形成牢固的化学键和络合物，吸附分子不能进行自由移动。

167. 废油吸附精制所用的吸附剂有哪些？

可用于废油再生精制的吸附剂包括白土、膨润土、铝矾土、漂土、泥铁矿、灼后泥煤、骨炭、氧化铁矿、硅藻土、活性炭、硅胶、氧化铝、分子筛催化剂等，可按照技术上及经济上是否合理来选择。其中，白土、漂土、膨润土有时也统称"白土"。有些白土如漂土，在天然状态下即有较好的活性，只需经过粉碎及热活化就可以使用。这类白土称为天然白土。膨润土及另一些白土在天然状态下活性较低，需要先经过化学活化，然后再热活化，才可以使用。这类经过化学活化的白土称为活性白土。

废润滑油白土吸附精制的过程，属于物理化学的综合反应过程。从物理上讲是吸附，从化学上讲是中和。白土吸附过程分为两个步骤：第一步，使被吸附物质在油中扩散到吸附剂的表面；第二步，这些物质被吸附剂所吸附，附着在吸附剂上。白土的吸附能力具有选择性，它优先吸附废油中的极性含氮、硫、氧等有机化合物，其次是多环芳烃。由于白土本身呈弱碱性，所以它对酸性油中的硫酸、磺酸和残余酸渣粒子具有中和能力，因此，白土吸附还能有效地降低基础油的酸值。

168. 废油再生过程中硫酸精制的作用及反应原理是什么？

硫酸精制主要是起化学反应，包括磺化、酯化、叠合、缩合、氧化、中和等，此外还有物理化学作用的絮凝和物理作用的溶解。其中，胶质、沥青质、沥青酸、炭粒等原来以悬浮微粒或

胶体微粒的形态存在于废油中，硫酸能起絮凝作用，使这些胶体
微粒及悬浮微粒絮凝成较大的粒子沉降下来，与油分离。针对含
氧化合物，硫酸能使醛类和酮类缩聚，能与醇反应生成酸性硫酸
酯及中性硫酸酯，能使有机酸的酯类变成硫酸酯并析出有机酸。
针对含硫化合物，硫酸能使噻吩类起磺化反应，使氢化噻吩类及
硫化物氧化，使硫醇变为二硫化物。针对含氮化合物，碱性氮化
合物能与硫酸很快反应，生成溶于硫酸的络合物；中性氮化合物
也能被硫酸磺化。针对芳烃，硫酸能使芳烃磺化，生成磺酸。芳
烃也能被硫酸氧化缩聚成多环稠环的胶质沥青类物质。针对烯
烃，能与硫酸发生反应，生成酸性硫酸酯，烯烃还能继续与酸性
硫酸酯反应，生成中性硫酸酯。酸性硫酸酯溶于硫酸层中，中性
硫酸酯则会进入油层中。针对饱和烃，在通常硫酸精制条件下，
作为废润滑油主要成分的饱和烃基本上不起反应。

169. 废油硫酸精制过程中的控制因素有哪些？

废油硫酸精制过程中的控制因素包括硫酸浓度、酸用量、温
度、反应时间等。其中，硫酸浓度的选择与精制的目的有关。一
般情况，为了脱除碱性氮化合物，10%的稀硫酸就可以了；脱除
不饱和烃，80%的硫酸是合适的，它可以完全去除不饱和烃及碱
氮；如欲去除废油中氧化产生的胶质、沥青质及一些中间氧化
物，硫酸浓度至少为90%；如果想去除芳烃，硫酸浓度越高越
好，最好达98%以上，甚至是发烟硫酸或三氧化硫。酸用量的选
择，实质上是精制深度的选择。一般废油再生制造润滑基础油
时，关键是选择适当的精制深度，以达到基础油的质量标准。硫
酸精制温度是相当重要的操作参数。在选定了硫酸浓度和用量之
后，就要选择合适的温度。一般化学反应，温度每升高8~10℃，
反应速度就增加一倍，硫酸精制也不例外。当以脱除芳烃为目的
时，由于磺化反应较慢，就需要选择稍高的温度。硫酸精制的反
应时间，一般从开始加酸时计算，到停止搅拌、开始沉降为止。
反应时间常取30min，但也要根据与反应温度的高低来适当增减，

如反应温度过高，则要把时间缩短些；反应温度低，则需要延长反应时间。

同时，硫酸精制的混合手段可以使用桨叶搅拌、静态混合器混合或吹气搅拌。由于浓硫酸浓度与废油有较大的密度差，所以选择的混合手段应有足够的强度，足以使硫酸分散成细小的液滴悬浮在废油中进行反映。硫酸精制时，许多反应产物和被硫酸絮凝下来的杂质，与未反应的酸一起构成酸渣。酸精制时还会产生一些油溶性的产物留在酸性油中。酸精制中重要的问题是使酸渣与酸性油完全分离。此外，废油再生一般采用一次酸洗，因为加酸量小；但也有采取多次酸洗的。增多酸洗次数不仅要增加设备，而且操作工序也增多，特别是以后几次酸洗时，分离酸渣比较困难。

170. 废油酸洗过程中如何防止二氧化硫气体的释放？

废油酸洗再生过程中，硫酸与废油中的杂质首先发生氧化反应，该过程放出大量的二氧化硫气体，需要进行相应的污染控制。酸洗时使二氧化硫不逸出的主要方法是采用密封的酸精制装置，同时将酸洗时产生的二氧化硫气体收集并用管线引出，然后用碱液进行吸收。

171. 废油在硫酸精制过程中产生的酸渣组成及其危害有哪些？

在硫酸精制过程中，废油中所含胶质、沥青质通过单纯絮凝或是氧化脱氢聚合反应进入酸渣中，同时废油中的苯系物、多环芳烃等也能被硫酸多次氧化脱氢缩合变成胶质沥青质进入酸渣。废油中的烯烃可以与硫酸反应生成酸性硫酸酯及中性硫酸酯进入酸渣中。废油中的极性化合物，如含硫化合物、中性氮化合物、环烷酸、沥青酸、醇酸等杂质，也可以随酸渣层析出。未反应的硫酸、金属磨屑、金属盐、添加剂、机械杂质等，也最终进入酸渣。因此，酸渣中含有大量上述杂质，需要按照危险废物进行后续处置。若让其泄漏到环境介质，将会对周边环境造成极大的影响。

172. 废油硫酸精制酸渣的处置与利用途径？

酸渣中含有硫酸和有机物两大部分，利用时也要根据具体酸渣中含硫酸量的多少而有不同的利用方案。如酸渣中含硫酸量多而含有机物较少，则可以考虑循环用于废油的掼酸洗，或送到硫酸制造厂回收酸渣中的硫酸。如酸渣中有机质部分含量占一半以上，则可着重利用有机成分的热值，进行能量再生。目前，酸渣在我国属于 HW08 类危险废物，应送至危险废物处置企业进行处置，如送入危险废物焚烧炉与其他废物共焚烧，并充分利用酸渣中有机成分的热值。

173. 蒸馏在废油再生过程中有什么作用？

蒸馏是按不同化合物沸点的不同而进行分离的方法，既可用于再净化中的脱水，也可用于再炼制中的脱除轻质油，以将废润滑油分割成几个基础油馏分，还能将废油中的沥青质、胶质、添加剂、金属盐等留在蒸馏残渣中，实现废油中不同组分与基础油之间的分离。

174. 废油蒸馏前为何要进行预处理？

在连续蒸馏之前，废油应进行预处理。废润滑油中存在大量的固体粒子，如磨损下来的金属微粒、燃烧生成的炭粒、灰尘，由加铅汽油燃烧带来的铅化合物，其他来源的机械杂质等。这些固体粒子分散在废油中，特别是废发动机油中的清净分散添加剂，可以保持这些固体微粒的分散状态。如不进行蒸馏前的预处理，蒸馏时的热处理过程在破坏了清净分散剂之后，这些悬浮的固体杂质就沉积在塔板、填料和炉管上，堵塞通道、影响操作。同时，润滑油金属盐添加剂和一些酸腐蚀生成的有机酸盐，也会在加热中分解或变质，沉积下来。通常情况下，废油加热过程中沉积出来上述物质的总量在 1.0% ~ 2.5% 之间，会显著影响后续蒸馏精制效果。因此，为了保护蒸馏设备，一般在蒸馏之前要将废油进行预处理，以除去水分及固体杂质，最常见的预处理方法包括沉降、离心、过滤和絮凝等。

175. 废油再生过程中加氢精制的原理

在高温高压以及催化剂的作用下，废油中的各类化合物与氢反应，不同的化合物有不同的机理。其中，含氧化合物最容易加氢，一般反应生成相应的烃和水，同时伴随脱烷基、异构化、缩合、开环等反应。含硫化合物的加氢一般比含氧化合物难，但不同结构的含硫化合物，反应难易也不同。硫化物、二硫化物在缓和的加氢条件下就会迅速反应，生成相应的烃和硫化氢；环状硫化物一般要先开环，再生成烃和硫化氢；噻吩类则更难，首先是环的饱和，然后开环，再生成烃和硫化氢。卤素化合物（主要是氯烃）的加氢反应生成氯化氢和相应的烃，加氢的难度与含硫化合物相近，但所选用的条件比较苛刻。

176. 废油分子蒸馏技术的原理

分子蒸馏技术不同于一般蒸馏技术，它是一种利用不同分子运动自由程的差别，对含有不同物质的物料在液-液状态下进行分离的技术。该技术能使液体在远低于其沸点的温度下将其所含的不同物质分离，具有蒸馏压强低、受热时间短、分离程度高的特点，能大大降低高沸点材料的分离成本，极好地保护热敏性物质的品质，从而解决大量常规蒸馏技术所不能解决的问题。

177. 废润滑油替代燃料油的方法及环境问题有哪些？

国外有将废润滑油用作燃料替代炉子油的应用，大多是直接去用或经过脱水杂后再用，其中很大数量是用于小型家庭采暖用的空气加热炉。废油及再净化油用作替代燃料，存在的问题是燃烧烟气中重金属含量高，苯系物和多环芳烃等燃烧不完全等。研究表明，直接燃烧废油或再净化油产生的烟气中重金属微粒子比原生柴油要高出 22 ~ 37 倍。特别是废油燃烧烟气中的氧化铅，在空气中的半衰期为 6 ~ 12 个月，严重危害人体健康。因此，废油不宜直接用作替代燃料，必须进行相应的再生处理（如裂解再生工艺），并须符合相应的燃料油标准。

178. 以白土吸附为主的再生工艺有哪些，其优缺点如何？

目前，以白土吸附为主的废油再生工艺包括沉降-白土吸附-过滤、沉降-白土吸附-蒸馏-过滤、沉降-蒸馏-白土吸附-过滤、沉降-凝聚-白土吸附-过滤、沉降-凝聚-带土蒸馏-过滤等等工艺组合。以白土吸附为主的再生工艺，设备简单，操作方便，但由于精制深度不够，同时性能不能达到新油的规格标准，不能适应生产内燃机油的需要。此外，以白土吸附为主的废油再生利用工艺会产生大量的酸渣、吸附白土和废水等，如后续处理不当，极易引起周边环境的二次污染。

179. 目前废油再生工艺的发展趋势如何？

由于对环境保护的要求越来越高，而硫酸白土渣的污染问题又难以彻底解决，目前我国已明令禁止采用硫酸-白土工艺再生废油的方式，通常将硫酸精制和白土吸附工艺与蒸馏或裂解等工艺进行组合使用。同时，用溶剂精制代替硫酸精制，用加氢精制代替白土吸附，已逐渐成为废油再生工艺的发展趋势。目前在用的主要工艺包括闪蒸-加氢精制、预闪蒸-蒸馏-加氢精制、丙烷沉降-蒸馏-加氢精制、丙烷沉降-糠醛抽提-加氢补充精制等等。

第八章 废矿物油的管理及法律法规
（回收、贮存、危废管理）

180. 美国关于废油的管理现状如何？

美国对于废油的管理主要表现在以下几个方面：

（1）对废润滑油的丢弃者及收集者进行严格管理，对废润滑油的产生、收集及处理作出更准确的记录。对废润滑油的储存、丢弃有细致严格的规定，这些规定增加了丢弃废润滑油的费用成本，也使得烧废油的费用大大上升，从而降低了烧废油在经济上的竞争能力。

（2）免去了再生润滑油每加仑 6 美分的税，增加对再生润滑油厂的信贷，在经济上增加了再生润滑油的竞争能力。

（3）联邦机构（包括国防部）带头使用再生润滑油，即使在再生油价格略高的情况下也要优先选用。美军在进行试验评定的基础上，修改了他们的后勤车辆用油规格及战术车辆用油规格，取消了原有的禁止使用再生润滑油的条款，增加了允许使用再生润滑油的规定。

（4）联邦商品委员会对已证明实际质量相当于新油的再生润滑油，取消其包装上的再生标志，使其不因心理因素而影响其销售。

（5）联邦能源部、标准局以及民间的研究机构，开展了大量的研究工作，开发能为环境保护方面接受的再生新工艺，提出了再生油的分析测试方法及其规格标准。

以加利福尼亚州为例，目前加州废油回收率约为 70%，州内设有 5000 个废油收集中心、14 个废油中转站以及 3 个回收再利用企业。同时，州政府主要开展了以下 3 方面的工作：

（1）制定法规和政策。对废油回收、存储、运输、处置制定严格规定；对回收中心实行认证制度，确保废油得到有效的集中回收、确保废油被合理处置及循环再利用；政府立法鼓励废油的循环再炼制；政府对收集中心提供回收奖励资金：16 美分/加仑（公司奖励）或 40 美分/加仑（公众奖励），这是当前加州刺激油品回收的主要方式。

（2）教育与宣传。废油回收的关键是提高公众认识，将回收理念推广到整个社会群体。

（3）政府成立油品基金会。该基金会负责废油回收的推广服务工作，基金的来源很大一部分出自成品油生产厂家，即成品油生产商需要支付 26 美分/加仑的资金给油品基金会。

对于加州的废油再炼制企业，如 Evergreen Oil 公司，他们与废油收集中心签订协议，确保废油炼制的原料来源。根据废油的品质，有时候该公司会支付收集中心费用，有时候是免费获取废油，也有时候收集中心需要支付公司费用让他们来获取废油。另外，具有代表性的美国安洁集团（Safety-Kleen）拥有世界上最大的废油再生工厂，年处理废机油能力超过 30 万吨，2008 年总产值为 12 亿美元。目前，这些废油企业采用的再提炼技术基本上是基于短程真空蒸馏（用刮膜蒸发器）和加氢精制等工艺技术，通过这些技术，可以将废油精制成符合美国石油协会 API 标准 II 类基础油的质量规格。

181. 美国是如何提高废油收集率的？

提高废油收集的方法主要是针对自行更换机油者，对此各个市政府、州政府和联邦政府出台了许多可行的规定：

（1）增强对于废机油产生者的管理。

（2）要求购买机油者缴纳押金，待其缴纳废机油时退还押金。

（3）设置发动机购买税用于资助废油回收和再利用。

（4）要求机油出售商配制废机油收集设备。

（5）建立公众和私人废机油收集基础设施。

（6）依靠公众教育和贴标签，借此影响公众机油使用。

（7）制定政策激励废机油二次精炼市场。

（8）要求机油生产者再生利用一定数量的废机油（或通过二次精炼或作为燃料）。

182. 美国针对提高废油的收集率开展了哪些方面的教育培训？

促进废油正当管理的教育与培训主要集中在三类人群：当前的自行换油群体、青年学生及普通大众。针对消费者的教育主要有以下三个目的：

（1）废机油不当管理造成的问题。

（2）鼓励负责任的废机油处置。

（3）准确地告诉消费者自行换油如何在其居住的地方循环利用废机油。

在介绍废油不当管理产生环境问题的同时，特别强调废油是一种有价值的能源。同时，为了对居民社区产生长久的影响，有必要教育那些很快要达到驾车年龄的年轻人，要使年轻人意识到废油可以再精炼成有用产品或者再生润滑油。

183. 美国偏远地区是如何开展废油收集的？

在美国，对于偏远的农场地区，收集废机油存在的最突出问题就是收集者必须走很长的路，且每到一家收集的废油量很少，其结果是农民需支付较高的收集费用。一个替代的方法是在人口稀少地区设立废油收集日，通过这种方式为废油产生者提供收集服务，有效降低了收集费用，巩固了收集点，同时省去了相应的废油申请贮存证。对于农村地区，每年收集一两次就足够了，对于农民来讲，废油贮存的空间并不是问题。

184. 美国城市废机油的收集是如何开展的？

美国城区废油收集方法很多，包括居民门口收集，专门或者挂靠在一些大型商业机构中的回收站、专业收集站、机油销售点收集，直接到居民家收集，设立废机油收集日或者在居民有害物质收集日一并收集。其中，因为公众易于参与，从居民家门口收集是其中最有效的废油回收方式。如果采用上门收集，70% ~ 75%的居民都愿意保留废油以待回收。上门回收要求居民将废油单独装在一个密封的容器中。与其他可循环物品一样，这种回收方式促进了民众的环保意识。在当地建立废油收集站是一个最简单的废油收集方法，包括在路边放置桶状收集罐，设有防水顶棚和侧墙。

185. 美国的废油再生情况如何？

美国是世界上废油再生最早的国家，也曾是生产再生润滑油最多、再生率最高的国家，1960 年再生润滑油的产量就超过 $10^6 m^3$，主要是内燃机油，再生率达 18%，再生厂有 150 家左右。随后由于废油质量的下降，再生厂的数量、再生润滑油的产量大幅度减少，废油再生业遇到重大困难。其后，在 1971 年，美国政府指定能源部做再生润滑油无污染新工艺的研究工作，并通过一系列的法律来支持废油再生业。到 1970 年代末，再生润滑油公司回升到 20 ~ 25 家，再生润滑油量回升到 500kt/a。到 1990 年代，美国又新建了一套年处理能力达 300kt 的蒸馏-加氢再生装置，这是世界上最大的废油再生厂，他们还打算进一步扩大这个厂的规模。

186. 欧盟主要国家的废油管理情况如何？

德国针对废油的回收与再生采取的具体措施包括：

(1) 当地政府对废油回收、存储、运输、处置进行严格规定，对回收中心实行认证制度，确保废油得到有效的集中回收、确保废油被合理处置及循环再利用。政府鼓励废油的循环再炼制，而不是仅仅简单地用作燃料油。他们认为，这个是对环境最好的方法，因此政府立法来鼓励废油的循环再炼制。

（2）据了解，德国政府对收集中心提供回收奖励资金，并通过教育与宣传，提高公众在废油回收利用方面的认识，回收理念被推广到整个社会群体。另外，政府成立油品基金会，负责废油回收的推广服务工作，其很大一部分资金是来自于油品生产厂家。废油再炼制企业与废油收集中心订立协议，确保废油炼制的原料来源。有时候他们会支付收集中心费用，有时候是免费获取废油。

（3）在法律和税收方面是非常完善的，欧洲的废油再生也享受到了一定的优惠政策。比如德国政府于 1994 年颁布了相关法律，强制要求产生单位必须将废油交由专业的回收公司处置。2002 年，德国制定了"废油管理（Altölverordnung）"特别法律。

（4）废油炼制企业的废油回收由企业成立回收公司，按市场原则进行废油回收。目前，德国的废油回收率在 70% 左右。例如，德国 Puralube 公司废油原料主要由其全资子公司 Baufeld 公司供应。该公司在德国境内设置 50 个废油回收点，其资源组成一半为德国，另一半为周边国家，主要包括英国、捷克、奥地利、瑞士等，年回收总量达 15 万吨，其中 50% 为车用废机油，平均回收单价约 200 欧元/吨。此外，德国 AVISTA OIL AG 公司是欧洲废油循环利用企业的领头羊，拥有 5 家收集废油的子公司和两家炼油厂。AVISTA 集团在德国、丹麦、比利时、卢森堡和波兰拥有 400 名员工，是欧洲废油循环利用领域中的市场领导者，AVISTA 采用溶剂精制工艺，每年加工 29.5 万吨的废油为高质量的基础油。

英国于 1975 年也发布了"废油指令"，并在 1987 年进行了修订。该指令要求再生者优先考虑再生油为燃料。英国没有一个正式的由政府激励的废油回收计划，其废油的回收和处理完全受市场活动的影响，依靠废油产生者与受许可的废油处理者之间的契约来完成。2005 年底前，英国的废油主要用作燃料及道路用途，但 2005 年 12 月 28 日英国政府要求执行"废弃物焚烧法令"，原发布的"废油指令"提议要取消。发电厂停止使用由废油再生而来的炉用油，使得废油另找出路；一部分作为钢厂的还原剂，一部分作为混凝土黏结剂，也有部分被欧盟回收。这也使在英国建立再生装置成为可能。

法国在 1979 年出台废油管理办法，鼓励废油的回收和热处理；1992 年立法要求建立地区性危险性危害物管理办法。目前，法国有 52 家许可的废油回收公司，2002 年，这些回收公司可以从"法国环保和节能机构"获得每吨 74 欧元的处理费，这些费用来自于征得的污染税。目前每吨润滑油的废油税为 38 欧元/吨。

187. 日本的废油管理现状如何？

日本 1971 年发布了"废弃物处理法"，把废油视为其中的一种废弃物进行管理。20 世纪 90 年代，面对资源快速耗竭和废物管理问题日益突出的形势，日本环境政策开始由前一阶段的污染治理转向建设可持续发展的经济，环保部门也开始制定和实施严格的废物管理和回收政策，于 2000 年 6 月颁布《建设循环型社会基本法》，由国家、地方政府、企业和公众共同而合理地承担责任。《基本法》之下，出台了一些重要的循环型社会综合法和专项法，其中包括由 1991 年制定的《再生资源利用促进法》大幅度修改而来的《资源有效利用促进法》。但是，该法中没有提及废润滑油处置的有关情况，也未见关于日本废油再生厂的报道。

含氯废润滑油燃烧条件控制不当会产生二噁英等有害物质，也容易产生盐酸腐蚀焚烧炉。因此，日本废润滑油再生利用过程中的污染防止对策是：

（1）将废润滑油分为无氯废油、含水分废油、含氯废油三类进行分类收集。

（2）分类处理废矿物油，对于无氯废油可回收利用生成再生重油；对于含水分废油可作为辅助燃料利用（视热值和需求而定）；但对于含氯废油不能循环利用，必须送往有危险废物处理资质的单位进行焚烧处理。

（3）尽量淘汰含氯润滑油，推进其替代技术的发展，促进无氯润滑油的制造和使用。

188. 在日本适合作为再生重油用的废润滑油有哪些？

日本国内的废润滑油大部分作为燃料利用（包括焚烧利用热值、作为燃料的再生重油等），而作为再生润滑油的利用很少。政府规定：适合作为再生重油用的废润滑油有：发动机油，液压机油，涡轮机油，主轴油，变压器油（仅限于不含 PCB 的变压器油），压缩机油，齿轮油，冲洗油，不含氯的金属加工油，加热介质油（仅限于不含有毒化学物质的加热介质油）；不适合作为再生重油用的废润滑油有：含氯·水分·阻燃性的油—金属加工油（切削油，压榨油，淬火油），防冻液，冷却液，制动液，油脂，蜡，阻燃性液压油（水-乙二醇，磷酸酯），硅油，动植物油；若废润滑油中含有大量水分，污泥，残渣等，无论含氯与否均不适合作为再生重油。不能回收的润滑油可作为其他产品如橡胶复合油、墨油等的原料，以及被燃烧和消耗的船用气缸油、电锯油、循环使用油等。

189. 韩国的废油管理现状如何？

韩国 1992 年便意识到减少废弃物和废弃物的再利用对经济发展的重大意义。于是政府首先立法制定了"废弃物预付金制度"，后改为"废弃物再利用责任制"。这一制度规定，废润滑油必须由生产单位负责回收和循环利用。回收和循环利用废旧物品都有一定的比率，如达不到确定的比率，政府将处以罚款。为确保废旧物品的回收，韩国成立了 11 家回收和处理废弃物的合作社。生产厂家把回收和处理废弃物的责任交给合作社，依据废弃物的品种和重量缴纳分担金。目前，在首尔的 Dukeun 公司与 Interline 公司合作建有一套 2.7 万吨的废油再生装置。

190. 泰国的废油管理现状如何？

泰国目前在废油收集、处理方面还没有专门的法规，只有两个相关法规《危险物质法》和《燃油储存法》，前者规定工业设施中储存的废润滑油不允许超过20kg或20L，后者规定了润滑油服务站必须按照不小于400L的地下储罐来储存废发动机油。在曼谷，通常有独立经营的回收商回收废车用油，同时有大量的回收商直接回收工业废油，回收的废油通过中间商卖给再生厂。其中，大约有7%~10%的中间商从独立回收商中购买废油。独立回收商回收的废油价格为每200L约100~200泰铢，中间商以每升1.8~2.0泰铢买进废油，进行预处理后，再以每升5.0~8.0泰铢的价格卖给基础油再生厂。目前，泰国只有小规模的酸-白土精制的再生基础油厂。

191. 新加坡的废油管理现状如何？

新加坡环保服务商凯发（Hyflux）公司近期宣称，他们将分别和越南、菲律宾达成合作协议，在其国家内建立油品循环应用工厂。菲律宾的工厂位于卡拉卡（Calaca）附近，越南的工厂建于河内，上述两个工厂都将利用凯发（Hyflux）公司的薄膜回收废油技术，预计每年通过回收利用1.2万吨废油来生产润滑油基础油。

192. 我国的废油管理现状如何？

废矿物油在我国视为危险废物，2005年最新修订的《中华人民共和国固体废物污染环境防治法》中，对其产生、收集、运输、处置、利用等过程均做出了明确规定。即"产生危险废物的单位，必须按照国家有关规定制定危险废物管理计划，并向所在地县级以上地方人民政府环境保护行政主管部门申报危险废物的种类、产生量、流向、贮存、处置等有关资料"，"产生危险废物的单位，必须按照国家有关规定处置危险废物，不得擅自倾倒、堆放"，"从事收集、贮存、处置危险废物经营活动的单位，必须向县级以上人民政府环境保护行政主管部门申请领取经营许可证；从事利用危险废物经营活动的单位，必须向国务院环境保护行政主管部门或者省、自治区、直辖市人民政府环境保护行政主管部门申请领取经营许可证","转移危险废物的,必须按照国家有关规定填写危险废物转移联单","运输危险废物,必须采取防止污染环境的措施,并遵守国家有关危险废物运输管理的规定"。

2004 年国务院第 408 号令发布的《危险废物经营许可证管理办法》,更是对废矿物油的收集活动做出了明确规定。即"危险废物经营许可证按照经营方式,分为危险废物收集、贮存、处置综合经营许可证和危险废物收集经营许可证","领取危险废物收集经营许可证的单位,只能从事机动车维修活动中产生的废矿物油和居民日常生活中产生的废镉镍电池的危险废物收集经营活动","领取危险废物收集经营许可证的单位,应当与处置单位签订接收合同,并将收集的废矿物油和废镉镍电池在 90 个工作日内提供或者委托处置单位进行处置"。

由国家环保总局、国家经贸委、外经贸委和公安部联合制定在 1998 年 7 月 1 日发布并实施的《国家危险废物名录》,已将废矿物油收录其中。《名录》规定,废矿物油(HW08)包括废机油、原油、液压油、真空泵油、柴油、汽油、重油、煤油、热处理油、樟脑油、润滑油(脂),冷却油等。在我国,废矿物油被认定是一种危险废物。对废矿物油从生产、分类、贮存、运输、处置等各环节都必须符合有关法规和规定。但与此同时,一些法律和法规也明确指出,废矿物油是可再生和综合利用的资源,研究开发废矿物油和其他废物综合利用的新技术、新工艺等,都将受到国家的鼓励和支持。

1998 年开始实施的《中华人民共和国节约能源法》(中华人民共和国主席令第 90 号),从国家层面对废油的再生工作提供了法律保障。具体如"国家鼓励开发、利用新能源和可再生能源","本法所称能源,是指煤炭、原油、天然气、电力、焦炭、煤气、热力、成品油、液化石油气、生物质能和其他直接或者通过加工、转换而取得有用能的各种资源"。

对废弃物进行回收和综合利用是我国一项重大的技术经济政

策，国家发改委、财政部、税务总局于 2004 年联合颁布了《资源综合利用目录》，明确指出了废油是可再生和综合利用资源，研究开发废油和其他废弃物综合利用的新技术、新工艺将受到国家的鼓励和支持。《目录》第 20 条规定："从含有色金属的线路板蚀刻废液、废电镀液、废感光乳剂、废定影液、废矿物油、含砷含锑废渣提取各种金属和盐，以及达到工业纯度的有机溶剂"。然而，该条例虽然规定将废矿物油作为可再生资源列入其中，却没有明确指出废矿物油的再生方向，一定程度上将影响废矿物油的再生利用合法企业享受政策规定的财政税收优惠。另外，该《目录》中将废矿物油作为"废水（废液）"分类，而在我国此前颁布的《国家危险废物名录》，已经明确了废矿物油是一种危险废物。

《废润滑油回收与再生利用技术导则》（GB/T 17145—1997）由国家技术监督局于 1997 年批准，并于 1998 年实施。该《导则》针对废润滑油进行了分类和分级，并对企业废油的回收与管理给出了指导性意见，尤其是"严禁各单位及个人私自处理和烧、倒或掩埋废油"。关于废润滑油的再生和利用，针对废油再生厂，在环保方面仅仅简单提出了"具有符合要求的三废治理设施和安全消防设施。对生产过程中排放的废气废水废渣的处理要符合 GB 16297、GB 8978 及其他相应环保要求。严禁对环境的二次污染"，"废油再生厂在生产过程中所产生的废渣、废液等，应进行综合利用，不能综合利用的应按环保部门规定妥善处理，达标排放"等要求。

2013 年 12 月 12 日由财政部和国家税务总局发布的《关于对废矿物油再生油品免征消费税的通知》（财税〔2013〕105 号）规定，"纳税人利用废矿物油生产的润滑油基础油、汽油、柴油等工业油料免征消费税"，但纳税人应符合"纳税人必须取得省级以上（含省级）环境保护部门颁发的《危险废物（综合）经营许可证》，且该证件上核准生产经营范围应包括'利用'或'综合经营'字样"，"生产原料中废矿物油重量必须占到 90% 以上。

产成品中必须包括润滑油基础油，且每吨废矿物油生产的润滑油基础油应不少于 0.65 吨"，"利用废矿物油生产的产品与利用其他原料生产的产品应分别核算"。

在地方层次，部分地方政府针对废矿物油的收集和利用都出台了一些相关规定。北京市固体废物处理中心于 2003 年下发了《关于加强对废矿物油处置管理的通知》(京环保固字〔2003〕79号)。《通知》要求各产生废矿物油单位必须依据《中华人民共和国固体废物污染环境防治法》，将产生的废矿物油送交有危险废物经营许可证的单位集中处置，且转移前需到市环保局申报危险废物转移计划，待计划批复后再行处理。如违反规定，产废单位将废矿物油随意买卖、作燃料使用、甚至随废水排放等，都将依照《中华人民共和国固体废物污染环境防治法》给以一定处罚。

自 20 世纪 80 年代起，我国已经开始支持和发展一些无污染、回收率高、再生油质量达到新油标准的再生新工艺。对符合国情的无二次污染再生工艺，在充分审查其技术经济可行性和环境效益后，国家大力支持，并计划尽早建立具有一定处理规模的示范厂。对于已经不能适应国家技术标准和环境保护标准，仍沿用土法老工艺进行废矿物油再生的企业，强制性进行技术改造，拒不改造或经改造后仍达不到国家标准的，按照环境保护部门发布的技术标准，予以取缔，使废矿物油再生既能保护环境，又能为经济可持续发展做出新的贡献。

193. 我国现行《废润滑油回收与再生利用技术导则》中对于废油回收与再生利用的相关管理有何规定？

《废润滑油回收与再生利用技术导则》中针对废油的回收做出明确规定：

(1) 各产生废油单位应指定专人专职或兼职管理废油的回收工作。

(2) 回收的废油要集中分类存放管理，定期交售给有关部门认可的废油再生厂或回收废油的部门，不得交售无证单位和个人。

(3) 回收的废油按要求分类分级并妥善存放，防止混入泥沙、雨水或其他杂物。严禁人为混杂或掺水。

(4) 废油回收部门和废油管理部门都应作好回收场地的环境保护工作，严禁各单位及个人私自处理和烧、倒或掩埋废油。

《废润滑油回收与再生利用技术导则》中针对废油的再生与利用规定如下：

(1) 国家鼓励废油的回收、再生和使用再生油，并制定优惠政策。

(2) 凡废油再生厂生产出来各种符合国家标准的再生油品，石油产品经销部门可按质论价进行收购，供应市场，凡不符合国家标准要求的再生油品，石油经销部门不予收购。

(3) 对生产销售劣质石油产品的再生厂和石油产品经销部门，技术监督等执法部门要依照国家法律严肃查处。

(4) 企业中自收、自炼、自用的废油再生车间所生产的产品应在本企业内使用，如对外销售其产品质量应符合本标准的要求。

此外，废油再生厂必须具备的条件：

(1) 合理的再生设备和生产工艺流程。

(2) 专职技术人员和规定的化验评定手段。

(3) 再生油的质量，应符合国家油品标准规定的各项理化性能和使用性能要求，再生后作为内燃机油使用的还应通过发动机(台架)试验评定。

(4) 具有符合要求的三废治理设施和安全消防设施。对生产过程中排放的废气废水废渣的处理要符合 GB 16297、GB 8978 及其他相应环保要求。严禁对环境的二次污染。具备上述条件的废油再生厂，须经技术监督及环境保护部门审定，"合格"才可对废油进行再生加工生产，不"合格"的不得从事废油再生加工生产。

(5) 废油再生厂在生产过程中所产生的废渣、废液等，应进行综合利用，不能综合利用的应按环保部门规定妥善处理，达标排放。

194. 废矿物油管理过程中对于标签标识有哪些要求?

应在废矿物油包装容器的适当位置粘贴废矿物油标签，标签应清晰易读，不应人为遮盖或污染。其中，废柴油、废煤油、废汽油、废分散油、废松香油等闪点等于或低于60℃的废矿物油，应标明"易燃"字样，并满足易燃易爆品相应的贮存安全要求。

195. 针对废矿物油收集过程有哪些具体要求?

废矿物油收集容器应完好无损，没有腐蚀、污染、损毁或其他能导致其使用效能减弱的缺陷；废矿物油收集过程产生的废旧容器应按照危险废物进行处置，仍可转作他用的，应经过消除污染的处理；废矿物油应在产生源收集，不宜在产生源收集的应设置专用设施集中收集；废矿物油收集过程产生的含油棉、含油毡等含油废物应一并收集。

原油和天然气开采作业现场宜采取铺设塑料膜等措施防止废矿物油污染场地；原油和天然气开采应将开采现场沾染废矿物油的泥、沙、水全部收集；原油和天然气开采产生的残油、废油、油基泥浆、含油垃圾、清罐油泥等应全部回收，不应排放或弃置；原油和天然气开采中产生的数量较大的废矿物油，可收集在符合《危险废物污染防治技术政策》和 GB 18597 的自备临时设施或场所，不应随意堆积。

精炼石油产品制造企业，在生产过程中应在可能产生渗漏的位置设置集油容器，进行废矿物油的收集。精炼石油产品制造产生的油泥、油渣等应进行有效收集。专用化学产品制造产生的具有腐蚀特性的废矿物油，例如废松香油等，宜使用镀锌铁桶等进行防腐处理的容器收集。拆船、修船和造船作业应配备或设置拦油装置、废矿物油收集装置，作业中产生的含油物品不应随意堆放或抛入水域。机动车维修、机械维修行业作业现场应做防渗处理，并建设防晒、防淋措施，应配备废矿物油专用收集容器或设施，并应建有地面冲洗污水收集处理设施。

196. 针对废矿物油贮存过程有哪些具体要求？

废矿物油贮存污染控制应符合 GB 18597 中的有关规定。废矿物油贮存设施的设计、建设除符合危险废物贮存设计原则外，还应符合有关消防和危险品贮存设计规范。同时，废矿物油贮存设施应远离火源，并避免高温和阳光直射。废矿物油应使用专用设施贮存，贮存前应进行检验，不应与不相容的废物混合，实行分类存放。此外，废矿物油贮存设施内地面应作防渗处理，并安设废矿物油收集和导流系统，用于收集不慎泄漏的废矿物油。废矿物油容器盛装液体废矿物油时，应留有足够的膨胀余量，预留容积应不少于总容积的 5%。已盛装废矿物油的容器应密封，贮油油罐应设置呼吸孔，防止气体膨胀，并安装防护罩，防止杂质落入。

197. 针对废矿物油运输过程有哪些具体要求？

废矿物油的运输转移应按《道路危险货物运输管理规定》、《铁路危险货物运输管理规则》、《水路危险货物运输规则》等的规定执行；废矿物油的运输转移过程控制应按《危险废物转移联单管理办法》的规定执行；废矿物油转运前应检查危险废物转移联单，核对品名、数量和标志等；废矿物油转运前应制定突发环境事件应急预案；废矿物油转运前应检查转运设备和盛装容器的稳定性、严密性，确保运输途中不会破裂、倾倒和溢流；废矿物油在转运过程中应设专人看护。

198. 废矿物油利用和处置过程有哪些具体要求？

一般要求废润滑油的再生利用应符合 GB 17145 中的有关规定；废矿物油不应用做建筑脱模油；不应使用硫酸/白土法再生废矿物油；废矿物油利用和处置的方式主要有再生利用、焚烧处置和填埋处置，应根据含油率、黏度、倾点（凝点）、闪点、色度等指标合理选择利用和处置方式；废矿物油的再生利用宜采用沉降、过滤、蒸馏、精制和催化裂解工艺，可根据废矿物油的污染程度和再生产品质量要求进行工艺选择；废矿物油再生利用产品应进行主要指标的检测，确保再生产品质量；废矿物油进行焚烧处置，鼓励进行热能综合利用；无法再生利用或焚烧处置的废矿物油及废矿物油焚烧残余物，应进行安全处置。

在原油和天然气开采行业，含油率大于 5% 的含油污泥、油泥沙应进行再生利用；油泥沙经油沙分离后含油率应低于 2%；含油岩屑经油屑分离后含油率应低于 5%，分离后的岩屑宜采用焚烧处置。在精炼石油产品制造行业，产生的含油浮渣、含油污泥、油渣及其他含油沉积物等应进行资源回收利用；精炼石油产品制造、废矿物油再生利用产生的含油（油脂）白土宜使用蒸汽提取或焙烧分馏处理；经过焙烧分馏处理后，白土及锅炉灰经鉴别后不再具有危险特性的，可用作建筑材料。在机械加工行业，机械切削、珩磨、研磨、打磨等过程中产生的含油金属屑宜进行油屑分离处理，分离后的废矿物油宜进行循环使用。

199. 废矿物油利用和处置过程的污染控制有哪些要求？

废矿物油经营单位应对废矿物油在利用和处置过程中排放的废气、废水和场地土壤进行定期监测，监测方法、频次等应符合 HJ/T 55、HJ/T 397、HJ/T 91、HJ/T 373、HJ/T 166 等的相关要求；废矿物油利用和处置过程中排放的废水、废气、噪声应符合 GB 8978、GB 13271、GB 16297、GB 12348 等的相关要求；废矿物油的焚烧应符合 GB 18484 中的有关规定；废矿物油焚烧工程的建设应符合 HJ/T 176 中的有关规定；废矿物油的填埋应符合 GB 18598 中的有关规定。

200. 针对我国废矿物油经营单位的管理有哪些要求？

废矿物油经营单位应按照《危险废物经营许可证管理办法》

的规定执行；废矿物油经营单位应按照《危险废物经营单位记录和报告经营情况指南》建立废矿物油经营情况记录和报告制度；废矿物油产生单位的产生记录，废矿物油经营单位的经营情况记录，以及污染物排放监测记录应保存10年以上，并接受环境保护主管部门的检查；废矿物油产生单位和废矿物油经营单位应建立环境保护管理责任制度，设置环境保护部门或者专（兼）职人员，负责监督废矿物油收集、贮存、运输、利用和处置过程中的环境保护及相关管理工作；废矿物油经营单位应按照《危险废物经营单位编制应急预案指南》建立污染预防机制和环境污染事故应急预案。